震颤与回响

物理学家眼中的
宇宙、世界和我们

（韩）金相旭　著
韩晓　译

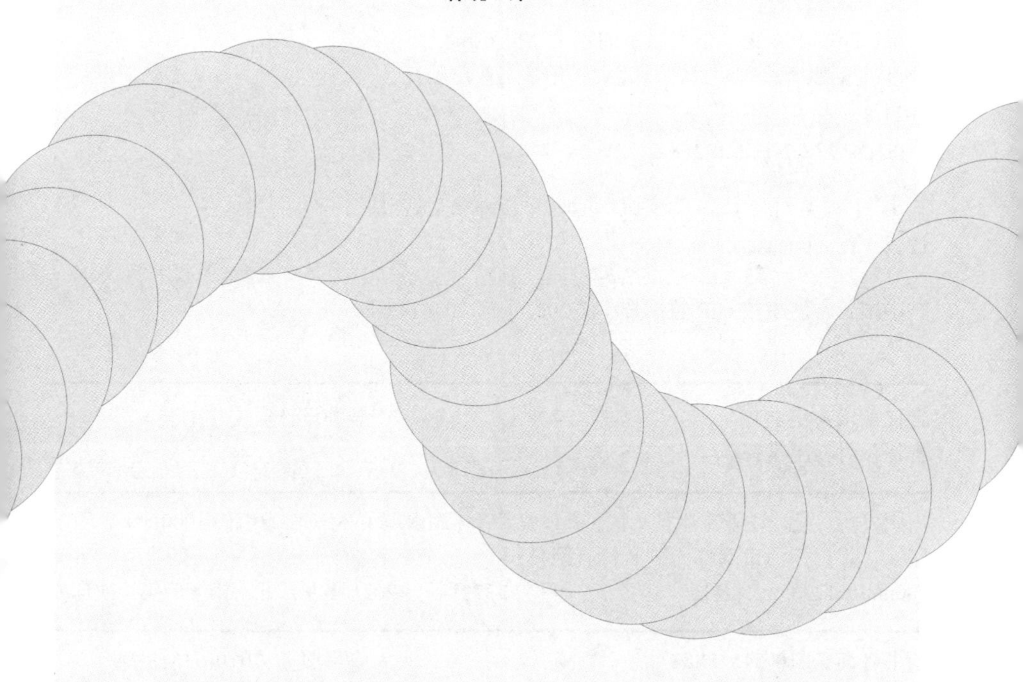

化学工业出版社
·北京·

北京市版权局著作权登记号：01-2021-2954

图书在版编目（CIP）数据

震颤与回响：物理学家眼中的宇宙、世界和我们 /（韩）金相旭著；韩晓译. —北京：化学工业出版社，2021.8
ISBN 978-7-122-39258-9

Ⅰ. ①震… Ⅱ. ①金… ②韩… Ⅲ. ①物理学－普及读物 Ⅳ. ①O4-49

中国版本图书馆 CIP 数据核字（2021）第 104621 号

责任编辑：史文晖　　装帧设计：安宁书装
责任校对：王素芹

出版发行：化学工业出版社（北京市东城区青年湖南街 13 号　邮政编码 100011）
印　　装：三河市双峰印刷装订有限公司
880mm×1230mm　1/32　印张 7½　字数 132 千字　2021 年 9 月北京第 1 版第 1 次印刷

购书咨询：010-64518888　　售后服务：010-64518899
网　　址：http://www.cip.com.cn
凡购买本书，如有缺损质量问题，本社销售中心负责调换。

定　　价：49.80 元　　

序言

宇宙在振动。一切静止的事物都在振动，就连数千年来默默矗立的埃及金字塔也在轻轻振动。这种振动如此微弱，以至人类的肉眼根本看不出，要靠显微镜才能观测到。声音也在振动，人一说话，空气就振动了，这种振动细微难察，不过它把声音传递了出去。光也在振动，光是电与磁在时空之中振动。我们人类能看到可见光，但看不到充斥于我们周围的电子，其实我们被无处不在的电磁场的振动所环绕。这世界充满了我们看不到的振动！

也有能看到或感受到的振动。家门口的银杏树像英国皇家卫队的近卫军一样笔直站立、纹丝不动，每当轻风拂过，树叶微微震颤。人们向心悦之人表白时，瞳孔也在微微振动，而被表白的人心如小鹿乱撞，比平时跳得快多了。我们科学家探寻深藏于宇宙之中的奥秘时，也会震颤，这种震颤源于对未知的敬畏。有时，即便我们身处数九寒冬也会震颤，因为感受到了温暖。而艺术也能让我们震颤，音乐就是振动的艺术，让我们的身心随之震颤。

人在回响。我们对周围发生的无数震颤，做出“回响”。离世友人的照片常常令人悲伤，电影《悲惨世界》的主题曲《民众之歌》叩击着我们的心弦，而帅气的某个人会电击般触动我们的神经。对于他人的震颤，我们以回响做出回应。我们的回响又成为新的震颤，得到新的回应。于是，人类就生活在震颤与回响之中。

在这本书中，“震颤”与“回响”是我在解释说明振动的物理概念时提出来的。振动是宇宙中存在的最为根本的物理现象，多用于工学之中。细究起来，一半以上的电子工学都与振动相关。可以毫不夸张地说，理工学院中学到的大部分数学知识都是为了理解振动。“振动”就是“震颤”，二者词义贴近，给人的感觉却截然不同。振动显得客观冷峻，震颤则直击人心，振动是机械的，震颤就有人情味儿多了。

在本书中，我想给大家介绍物理学中最基本的一些概念，向大家展示我所认识的物理。事实上，物理是冷峻的，它始于人类发现地球竟然是转动的！没有任何事情比这一发现更与我们的经验相左了，因为人们无论如何都感受不到地球在转动。因此，要想了解宇宙的本质，人类需要抛弃所有的常识与偏见。可以说，物理从一开始就是排斥人类感官的。

本书的写作初衷是希望人们能够从富有人情味儿的角度看待物理。此前，我也试过用人文的感觉来描述物理，可我毕竟是一位物理学家，再怎么尝试，理工男的笔触还是那么明显。虽然如此，我相信我的心意是可以传递的。我学习物理知识时所感受到的震撼，希望能以震颤的形式传递出来。会有什么回响呢？那就留待读者回应了。

本书的内容，主要来自《京乡新闻》中连载的“金相旭的物理学习”，兼收了许多已在其他媒体上发表过的文章，从而汇集成这一新的成果。余之拙作能够重获新生，归功于编辑和出版社。能在这里出版这本书，我感到非常踏实，借此也向出版社的朋友们表示感谢！本书献给最先对我的震颤做出回响的我的家人们！

目录

第 3 部分　无处不在的关系

——艰难竞争的世界

第 4 部分　震颤与回响

——用科学的语言解读世界

附录　从知识到态度

——生活在不透明世界中的科学家

第 1 部分

奔走的存在

——138 亿年前的那天起，我们成了我们

【光】

138 亿年前，第一次闪耀

黑暗笼罩的宇宙中，有了“光”

我曾在德国做过合同制研究员，到那里的第一天就觉得住所颇为昏暗。天花板上悬挂着白炽灯泡，灯泡的光多少泛着些微黄，而非亮白。我一边想“是不是只有我家才这样啊”，一边透过窗户向别人家张望。当时已是午夜时分，没有几家亮灯，仅有一些烛火般的微光在黑暗中闪烁。这让那一刻的我甚至觉得打开的不是灯，而是黑暗。

后来，我慢慢适应了在德国的生活，对黑暗的态度也发生了变化。吃饭时，我会只打开吊灯；在桌前工作时，就只打开台灯；坐在床上看书时，则只打开小小的床灯。黑暗就这样蚕食了光的领域。对德国人来说，这种程度的光与黑暗，比例恰当，但对我这样一个来自灯光亮如白昼的国家的人而言，就感到自己正在逐渐被黑暗吞没。不过，在黑暗蔓延的过程中，我也看到了此前从未见过的新世界。

原来，黑暗中也有颜色。对面的墙，光照不到，黑黢黢的，如同远古时代神秘洞窟的颜色；床底下被黑暗占据，呈现出黑洞般的幽暗；而周遭的黑暗，则仿佛与我难舍难分，水乳交融。身在明亮之处时，人往往感觉不到光的存在，但在充满黑暗的地方，黑暗的存在是如此真切！

宇宙中充满了黑暗。在宇宙诞生 38 万年之后，才第一次出现了光。宇宙大爆炸后的早期，由于温度太高，宇宙中尚未出现今天我们称为“物质”的东西。宇宙膨胀，温度降低，水变成冰，“物质”才开始出现。大爆炸的 38 万年后出现了氢、氦等原子，自此光才开始存在。

在此之前，光和物质混杂在一起，只有某个“东西”存在，而光并未独立存在。彼时诞生的光，至今仍环绕在我们周围。这种光就是宇宙背景辐射，这一发现被授予了诺贝尔物理学奖。在宇宙 38 万岁生日的时候，它开始把自己的形象留给光。

光诞生于 138 亿年前，但人类直到 150 年前才了解光是什么。我们接收到的大部分信息都是通过光获得的。天文

宇宙中充满了黑暗。

学上了解的有关宇宙的信息，大部分也都是通过光获得的。可以说科学欠了光一个大人情。物理学亦然，物理学的实验数据大都来源于光。不了解光，什么事都做不成。人类的五大感觉中最为重要的就是视觉，大脑的 60% 都用于处理视觉信息。如果人类没有眼睛，物理学的发展将会呈现出另一番光景。当然，前提是，如果在那种条件下还有物理学存在的话。

所谓“看到”

借助光，我们才能看到事物；那么利用光，是不是也能让我们“看不到”事物呢？2006 年，约翰·潘德瑞博士利用光的原理，制造了“隐身斗篷”。他依据的是什么原理呢？

当然是“光沿直线传播”这一原理啦！光离开物体，沿直线前进，到达眼睛。大脑基于光是沿直线传播的预设，重构了物体的图像，这就造成了无数的视觉幻象。例如，老花镜可以放大物体。光在穿过老花镜的玻璃时改变了方向，眼睛却认为光没有发生变化，仍是沿直线传播的，从而错把根本没有物体的地方当作光源。这就导致物体看起来变大了。光在老花镜的镜片中发生弯曲的现象就是“折射”，约翰·潘德瑞博士关注的正是“光的折射”。

把孩子弄得乱七八糟的房间整理好之后，跟变乱之前比，就好像房间没发生过什么变化。如果有心设计一下折射，抵消光透过物体时发生的变化，此时看起来，就好像光在经过物体时没发生过什么变化一样。也就是说，虽然光经过了物体，但看上去好像没有与物体相遇，在视觉上该物体就是不存在的。

约翰·潘德瑞博士有关“隐身斗篷”的构想成功了吗？令人遗憾的是，他设计的隐身斗篷只能存在于微波之中。根据振动频率，光可以分为微波、电波、红外线、可见光、紫外线、X射线、伽马射线等各种类型。而我们人类只能看到其中的可见光。因此，即便利用光的折射能够制造出“隐身斗篷”，但由于没有可见光发挥作用，我们根本看不到“隐身斗篷”。你瞧，“看到”不像我们想的那么简单吧！因为比起可见光来，世界上更多的是我们看不到的光。

牛顿因提出了运动定律而闻名世界，他同时也是西方第一位真正研究光的科学家。振动频率不同的光，折射程度不同，这叫“色散”，比如穿过玻璃时，红光只是稍微折射，而紫光折射得更多。因此阳光经过玻璃三棱镜时，会分解出不同颜色的光。牛顿利用三棱镜做了个有趣的实验。他发现，白光通过三棱镜分解出了各种颜色的光，不过让得到的红光再通过三棱镜时，却不会发生色散现象。牛顿又用透镜把各色光都收集起来，使它们从反方向通过透镜，此时得到的全是白光，这说明，白光是由各种颜色的光汇聚而成的。光本身蕴含了各种颜色，物体之所以会呈现某些颜色，是因为它们只反射这些特定颜色的光。

1800 年，威廉·赫歇尔也用透镜做了一回实验，并有了有趣的发现。他发现，有光照耀的地方令人感到温暖，也就是说光有热量。那么，不同颜色的光其热量是否相同呢？赫歇尔把温度计放在被透镜分解出的光中，测定了不同颜色光线的温度变化。令人惊讶的是，放在红光边缘（注意，此处没有可见光线）的温度计，其温度上升幅度最大。把手放在那里会感到温暖！也就是说，肯定存在某种我们肉眼无法看到，却在传递热量的东西。赫歇尔发现的就是我们用肉眼无法观测到的“**红外线**”。

光是一种波，波就是振动在空间中传播。发声时，把手放在脖子上会感到振动。声音也是一种波，也就是说，光的运动与声音相似。振动频率不同，光的颜色就不同；振动频率不同，发出的声音就不同。人类无法听到非常慢或非常快的振动声。我们把这类声音称为“超声波”。世界上存在我们看不到的光，也存在我们听不到的声音。**我们看到的、听到的并不是我们生活的全部。**

光的共振

绿化带中的道旁树，看上去是不是纹丝不动？静止的物体看起来都好像一动不动的，但我们看到的并非全部。无论我们有没有注意到，道旁树都在振动。所有看起来静止的物体，其实都在振动。我们此刻所在的建筑也在振动，只不过振动幅度很小，我们没有感觉到而已。一切物体都有固定的振动频率。我们周围的书桌、汽车、玻璃杯都有自己固定的振动频率。用勺子敲击红酒杯，可以听到杯子以其固有频率振动而发出清脆的声音。把一个物体的固有振动频率施加到该物体上时，振动会大幅增强，这就是“**共振**”。

电视和收音机的频道也有固定的振动频率。广播公司的每个频道向外发送固定振动频率的电波。调换收音机的频道，就等于改变收音机接收器的固定振动频率。当特定频道的固定振动频率与收音机接收器的固定振动频率一致时，就会发生共振，从而只接收这个频道的信号。这就是为什么我们周围的空间中弥漫着各种广播电波，我们却能只播放某个特定频道的原因。

看颜色时，我们的眼睛中也发生了共振。人类的眼睛可以看到红色、绿色和蓝色，是因为我们的眼睛中有三种视锥细胞，分别能与这三种颜色产生共振。共振产生的电信号传递到大脑，大脑据此得知是哪种颜色的光到达了视网膜的哪一位置。脑虽然被密封在头颅之中，却能构建外面的世界，很大程度上得益于视觉上的共振。

原子也有共振。原子由原子核与电子组成。电子只能存在于量子力学规定的轨道上。这样的特殊轨道形成了原子的固有振动频率。用振动频率不同的光照射氢原子，就看到光在特定频率上被吸收的现象，这是一种共振。这样的光谱就是“吸收光谱”，固有频率决定吸收程度。

每个原子都有自己独特的吸收光谱，就像每个人有独特的指纹一样。早在19世纪末人们就了解了这一事实，但当时人们不知道为什么，只知道原子是构成物质的最小单位。

既然原子有共振的特征，那就说明原子内部存在振动，但人们不知道振动的原因。直到量子力学诞生后，才有了答案。不过，即便人们不理解这一现象，也不妨碍科学家们对此加以利用。他们发现太阳光的光谱有氢的特性，就推测太阳的构成中有氢。1868年，**皮埃尔·让森**[①]从太阳光谱中发现了在地球上没有见过的共振。经过研究，让森认为太阳中存在一种我们不知道的新原子，并将其命名为“氦”。“氦”源于古希腊语中太阳神“赫利俄斯”一词。看！即便是我们不能踏足的星球，也能通过光谱了解它的构成。

---

① 皮埃尔·让森（Pierre Janssen，1824—1907年），法国天文学家，氦元素的发现者。

光的速度

光的速度非常快，每小时可达 10.8 亿千米。没有人能在开灯的那一瞬，看清光是如何传播的。伽利略曾经尝试过测量光速，但用他当时的观测工具根本不可能实现。1676 年，奥勒·罗默[①]首次测定了光速。由于光速太快，在地球上想要测量简直难于登天，不过，罗默想到了一个奇妙的点子。他利用了木卫一[②]从木星阴影中移出来的过程。他比较了地球远离木星和靠近木星时的现象，测出了光在这两种情况下的时间差，而与之对应的距离差约是地球直径的 200 倍。根据罗默的方法，得出的光速约是 20 万千米 / 秒，接近光的实际速度 30 万千米 / 秒。

到了 19 世纪 80 年代，出现了用于测量光速的精密仪器——干涉仪。今天我们测量光速的方法就是分别测量光的波长与振动频率，然后将其相乘。这与用光波振动一次移动的距离（波长）除以每次振动所需要的时间（振动频率的倒数）算出的结果是一致的。如今，光速已不再是测定对象了，因为我们已经精准地计算出了光速为 299,792.458 千米 / 秒。

人类开始了解光不过是 150 多年前的事，但在此后不到 50

---

① 奥勒·罗默（Ole Rømer，1644—1710 年），丹麦天文学家。

② 木卫一，即伊奥，木星的四颗卫星中距木星最近的一颗。

年的时间里，光就从根本上动摇了物理学。人们发现光速是恒定的，不受观察者位移的影响。光不仅是波的振动，而且是坚实的粒子。光引发的革命把量子力学与相对论带到我们面前。在物理学的发展史上，光一直璀璨夺目的存在。你一直在读的这本书，就是你眼中的一抹光。

被黑暗笼罩的宇宙与闪烁的星光

138 亿年前光第一次出现，宇宙开始不断膨胀。光逐渐变得稀薄，黑暗在宇宙中占据压倒性的优势。黑暗填充着宇宙中的每个角落，在那些没有黑暗的窄小的缝隙中，有微弱的星光在延伸。

距离太阳最近的恒星是比邻星，它与地球之间的距离足有 4.22 光年。宇宙中会发光的恒星大部分都相距遥远。从更大的范畴来看，恒星殊为稀少。宇宙中更多的是我们虽然看不到但相信其存在的物质。这种至今依然不了解其本质的物质被称为“暗物质”或“暗能量”。即便不考虑广阔太空的幽暗，这些黑暗的遗产构成了宇宙物质的 96%。也就是说，宇宙本身就是黑暗。我们之所以感到周围充满了光，只是因为我们距离太阳这一其实微不足道的恒星很近而已。

现在连夜晚都是明亮的，以至于看不到什么星星。在夜晚还没有人造光源的时代，人们没什么书，也没有电视，更多的是看星星。那么，从傍晚就开始发光的金星该是人们最爱的明星了吧，夏夜的银河该是人们可以免费欣赏的大片吧！

【时空】

时间与空间的诞生

站在“时空”的框架内张望世界

所谓“物理”，就是一门有关事物道理的学问。“理”可以理解为“法则”，而“物”却很难解释清楚到底指的是什么。我们周围有很多“东西”，如桌子、墙壁、电灯、智能手机、手指头、云等可见的“东西”，还有空气等虽看不到却真实存在的“东西”。

我们周围的“东西”并不是单纯“存在”着而已，而是在做着什么。电灯可以发光，手指可以移动，人可以呼吸，智能手机可以做很多事情。物理研究的就是这些“现象”是怎样发生的，甚至连这些东西为什么会以这样的状态存在，也是物理研究的内容。

如果这些“东西”都不存在，那么物理研究的对象还存在吗？让我们来想象一下什么东西都没有，什么事情都不会发生的情况。即便这样，也好像还有什么存在，还有什么在发生。是的，还有空间存在，还有时间在流逝。认知空间与时间并不需要什么特殊的训练。正因如此，康德才认为时间和空间是人类所具有的先验性的认知结构。这不是因为宇宙是由时间和空间构成的，而是因为我们就在这个框架里看世界。

时间与空间

时间是什么？时间真的在流逝吗？时间是连续的吗？时间是宇宙的本质，还是本质的副产品？空间是什么？空荡荡的空间中真的什么都没有吗？空间是几维的？空间是扁平的吗？当我们说有空间存在的时候，空间存在于哪里？我们对时间和空间的了解，真的太少了。

138 亿年前，在宇宙大爆炸的同时，时间和空间诞生了，但什么是时间和空间呢？它们有什么意义？时间如果有起点，那么起点之前的时间意味着什么？大爆炸理论是根据目前“宇宙正在膨胀”这一观测结果而做出的推论。当我们看到“落下来的苹果”时，会推测它是“从树上落下来的”，同样的道理，当我们回溯宇宙膨胀的时间时，最终会聚焦到一点。当然，现在宇宙是膨胀的，但在过去，它可能经历过各种膨胀、收缩。科学遵循的原则就是：当存在很多可能性时，我们尽量寻找最简单的答案。因此我们假设宇宙是按照一定的速度膨胀起来的。

你可能会有这样的疑虑：大爆炸时会不会只产生了空间？因为时间一直在流逝，而空间可以在某个瞬间产生。我们从未感知过没有时间存在的情况，所以有这种想法也并不奇怪，就连康德都认为有“没有时间存在的空间”或是“没有空间存在的时间”这些想法，是没有意义的。实际上，大爆炸的理论基础是爱因斯坦的相对论。大爆炸、时间和空间始于某一点，不过是用数学解答相对论方程时得出的可能答案之一。令人惊讶的是，这个理论本身就包含了时间和空间。

描述时间和空间的理论是怎么产生的呢？时间和空间不应该是被描述的对象，而应该是基本前提。物理中使用的语言与日常生活中的语言有很多差异。爱因斯坦思考的时间和空间的含义是非常实用的。时间就是用钟表测量出的两个事件之间的间隔，空间则是用尺子测量出的两个点之间的距离。但该定义没有体现时间与空间的本质。严格来说，该定义阐述的不是时间和空间本身，而是时间和空间的物理量。我们所了解的只有这些。

138 亿年前，在宇宙大爆炸的同时，时间和空间诞生了，时间如果有起点，那么起点之前的时间意味着什么？时间是宇宙的本质，还是本质的副产品？

我们之所以能感受到时间和空间，是因为测量。所谓“距离”就是指占据空间的大小。如果没有这种“大小”，如何能想象物理上的空间呢？同样，对同一件事（无论有何前提），运动之人测出的时间间隔都要大于静止之人，因为运动之人的时间表“实际上”走得慢。只有想象之中才存在与测量无关的时间。

乍一看，时间和空间这二者之间没什么关系。“现在几点钟”与“我现在在哪里”没什么关系吧？就像我们佐餐时吃的腌萝卜与火腿，二者之间没什么关系。不过吃紫菜包饭时，就会同时吃到它们。因为在紫菜包饭中，腌萝卜和火腿交织在了一起。自然界中的光的速度不受观测者的影响，是恒定的。**速度是指物体在单位时间内移动的距离。**“速度”恒定的限制条件就是，“时间”和“空间”得交织在一起，就像在紫菜包饭中腌萝卜和火腿交织在一起一样。好了，现在我们该用“时空”一词来代替“时间”和“空间”了！

根据相对论原理，按照一定速度运动的物体，其时间会变长，长度会变短。这就是说，如果静止之人看运动之人的手表，会看到对方的表比自己的表走得慢。另外，4 米长的轿车，如果其速度接近光速的话，看起来就只有 2 米长。简而言之，时间和空间都可以拉长或缩短。随着速度逐渐变快，时间会逐渐拉长，而空间会逐渐缩短，就好像时空弯曲了起来。这和瓶子的周长越短其壶嘴就越突出，是一个道理。你可以想象一下，自己面前正摆着“时空”这一“物件”。相对论阐述的就是这一物件的伸展或弯曲，时空就以这种方式成为我们的研究对象。实际上，爱因斯坦的场方程式描述的是时空的几何形状。大爆炸的一瞬间，时空形成的图形被称为“奇点”，时间自此应运而生。

时空如何测量

对物理学家们而言，时空不过是通过测量获得的物理量，因此思考如何测量时空就显得尤为重要。要测量时空，我们需要制定一个标准，简而言之，就是需要一把“尺子”。“鲸很大”这句话在物理学中没有任何意义，因为鲸再大，相对于地球来说也非常渺小。因此，我们需要比较的标准。物理研究是以人类为主体的，所以人类也是测量尺度的参照标准。时间的标准是秒，长度的标准是米。1 秒就是“滴答”一声所花费的时间，1 米约是双臂适当伸展开的距离。世界上所有的物质都是由原子构成的，所以用原子的长度作为标准也顺理成章。那么百亿分之一米，也就是“1 埃”就是测量标准。你的身高是 1.7 米，就相当于 17,000,000,000 埃。如果你不太喜欢这么多“0”，那还是用“米”来做计量单位吧！

制定“1米”这一标准比想象的要难得多。仅仅做一个长1米的棍子是远远不够的，一旦这个棍子丢了，麻烦就大了。所以人们想到的不是人为制造的标准，而是自然界中存在的标准，是无论谁都可以从测量自然中得到的标准。最初人们以地球子午线（连接南北极的经线）的长度为基准，这不仅测量起来困难，而且测量结果因子午线是经过巴黎还是伦敦而有差异。

今天的1米，是由光速和时间决定的。光在规定时间内移动的距离被定义为1米。也就是说，长度是通过时间来定义的。我们之前在相对论中谈及，光速是恒定的，为一秒钟299,792.458千米，由此长度可以计算出来。那么时间的标准“1秒”是怎么确定的呢？哈！也是通过光来确定的。

现在1秒的定义是铯原子钟发出的特定振动频率的光振动9,192,631,770次所需要的时间。这意味着，就算有一天人类文明消亡了，知道这个定义的人，也可以准确复原出1米的长度。当然，要正确数出90多亿次的振动，就需要知道振动频率。2005年，诺贝尔物理学奖授予了约翰·霍尔和特奥多尔·亨施，依据他们的研究成果制造出了具有精确振动频率的光。目前，使用该方法，振动频率可以达到19位数，这相当于测量首尔与纽约之间的距离时，误差比一个原子还小。

空间的尺度

现在我们来思考一下“大”与“小”的意义，这是有关空间尺度的故事。献血时使用的注射针头的直径大约为千分之二米（也就是 2 毫米）。该直径上大约可以放得下 20 根头发或一万个花粉或 300 万个大肠杆菌，足可以构建一个大肠杆菌“城市”。但大肠杆菌比病毒还大 100 多倍，一个病毒大约相当于 300 个氢原子。这足以说明原子是多么小，可即便这么小的原子也还有内部结构。原子核不过是原子的十万分之一。原子核里有质子和中子，继续往下分还有夸克。这是物理学通过实验可以达到的最为微小的尺度。如此微小的空间与我们生活的空间性质一样吗？

从首尔到釜山之间的距离大约为 40 万米（也就是 400 千米），从首尔出发沿着同一纬度绕地球一圈的距离是首尔到釜山距离的 80 倍。地球到月球的距离大概是首尔到釜山距离的 1,000 倍，地球到太阳的距离则是该距离的 40 万倍。太阳看起来已经非常遥远了，但离太阳系最近的恒星到太阳系的距离，是地球到太阳距离的 100 万倍。离我们银河系最近的仙女座到银河系的距离，是地球到太阳距离的 1,000 亿倍。而宇宙中有 1,000 亿个像银河系这样的星系。日常生活的法则，在如此巨大的空间中也能发挥作用吗？

物理就是探求事物道理的学问。它的研究范围包括了从夸克所存在的极小世界到宏大的银河、宇宙。现在，我们凭借几个法则就可以理解任何尺度的空间中发生的“事情”。现在，你有没有觉得物理着实令人兴奋？

【宇宙】

了解世界存在的理由

世界为何而存在？

世界为何而存在？不存在是不需要理由的。但存在就需要说明为什么存在。300 年前，戈特弗里德·莱布尼茨指出什么都不存在比存在是更自然的状态，他从创世者身上寻找存在的理由。当然也有人认为即便世界是“无”，也需要做出解释。但假如什么也不存在，那么提出该问题的主体，或者说该问题本身也就不存在。探寻宇宙之神秘的物理学家们，能解释世界为什么存在吗？

一说到“宇宙”，人们就会想到黑暗的夜空中闪烁着密密麻麻的星星。不过，宇宙就是世间所有存在，因为那些闪亮星星上的某个角落，也可能有像我们这样的生命体正在仰望天空，

不存在不需要理由，但存在，就需要说明其为什么存在。

心想着包括太阳在内的星星就是宇宙呢！无论是智能手机、樱花、小猫，还是正在阅读本书的你，都是宇宙的一部分。宇宙由时空和物质两部分组成。时空是舞台，物质是演员，而宇宙就是物质这一演员在时空舞台上，按照自然规律这一剧本演出的话剧。

我们甚至不知道是谁创作了剧本，也不知道宇宙为什么存在。但我们现在已经了解了宇宙是否一直存在，是从哪个瞬间开始存在的。哲学家康德在他的著作《纯粹理性批判》中指出无论主张宇宙有没有起点，都是正当的，这就是“**二律背反**”。假如宇宙存在起点，那么在无限的时间中，为什么该瞬间成为起点？假如宇宙没有起点，那么所有的事件发生之前应该也存在着无限的时间，这就形成了一个矛盾。也就是说，用理性无法对此做出回答。不过，爱因斯坦的相对论使宇宙的起点成了科学研究的对象。

在相对论中，时空并不像话剧舞台那样固定，而是移动的。随着演员的特性或动作变化，舞台的结构每时每刻都在发生着变化。在相对论中，时空与物质一样，都不过是被描述的对象而已。那么，现在询问时空变化，或更进一步询问时空的起点与终点，就都成为可能。到了 20 世纪 20 年代，宇宙学家乔治・勒梅特试图从相对论中寻找宇宙膨胀在数学上的可能性。所谓“宇宙膨胀”，就是回溯时间从哪个点开始，也就是认为宇宙有一个起点，这就是“大爆炸理论”。

需要注意的是，大爆炸理论出现之初，并没有得到物理学家们的青睐。爱因斯坦其实通过相对论已经看到了宇宙膨胀的可能性，但他在自己的方程式中勉强引入了“宇宙常数”，不承认宇宙的膨胀。日后，他曾说这是自己犯的最糟的错误。而史蒂芬·霍金的一项重要功绩，就是证明了黑洞和大爆炸等特异时间点，是实际存在的。

大爆炸理论认为，宇宙从某一点开始生成、膨胀，但理由未知。不是在空荡荡的空间中，突然“哐”的一声，宇宙就诞生了。而是“哐”的这一声巨响和空荡荡的空间这一概念，与大爆炸同时诞生了。

大爆炸的回响

大爆炸理论是科学的，因为有客观证据。爱因斯坦基于自己的权威，在方程式中引入常数，试图说明不存在宇宙大爆炸，但科学上的对错不是由权威而是由实验证据决定的。证明大爆炸存在的第一个证据，就是天文学观测到目前宇宙还在膨胀。既然现在还在膨胀，那过去就不膨胀了么？光的速度是有限的，我们现在看到的光，来源于很久之前的远方。假设我们今天同时收到了来自釜山、北京、巴黎的包裹，那么从釜山发出的时间可能是今天早上，而从北京发出的时间则可能是两天前，巴黎的则可能是5天前。我们看到的光也是如此。有的光是从1年前发出的，有的是从100万年前发出的，有的则是从距今100亿年的地方发出的。光发出的距离距现在越远，就越具有遥远时代的特征。这真是一件神奇的事情，今天的我们竟然能看到过去的宇宙！

看到过去的宇宙后，我们就可以确定宇宙是在不断膨胀的，并且宇宙膨胀的速度越来越快。2011年，亚当·里斯、布莱恩·施密特与索尔·佩尔马特因为这项观测荣获了诺贝尔物理学奖。宇宙膨胀对研究宇宙的未来，有着极为重要的意义，因为按照该理论，宇宙就会一直膨胀下去。而如果宇宙中的物质是有限的话，那么宇宙就会越变越稀薄，最终就稀薄到什么都不存在了。该宇宙理论向我们展示的是一个前景无比黯淡的宇宙。

不同的温度会导致物质的状态发生变化。降低温度，水蒸气就会变成水，水就会变成冰。早期的宇宙处于温度相当高的状态，随着宇宙的膨胀，温度逐渐降低，构成物质的最小单位夸克和电子形成了，夸克与夸克相互结合，形成质子和中子，它们与电子结合在一起形成了原子。学界已有相关理论具体介绍了该过程。

大爆炸之后，原子形成，光也产生了。光与物质分离，朝着宇宙的尽头不断延伸。假如存在这样的宇宙背景辐射，那么，这个光就应该在任何地方朝着任何方向扩散，应该具有物理定律中所说的特别形态的频率分布。1964 年，贝尔实验室的阿诺·彭齐亚斯和罗伯特·威尔逊用 6 米长的天线捕捉气象卫星的电磁波时，意外发现了**宇宙微波背景辐射**，成为传奇。宇宙微波背景辐射中蕴藏着大爆炸 38 万年后的信息，也就是早期宇宙的信息。所以对该背景辐射的测定越精密，人们就越了解早期宇宙。由于地面上存在很多杂音，因此到太空中测量的结果更准确。

COBE 就是为了实现这一目的于 1989 年向太空发射的人造卫星。该人造卫星获得的数据不仅更清晰地证实了背景辐射的存在，而且告诉我们一些那时候就存在的微波。这些宇宙初期（也就是宇宙小时候）的微波，起到核的作用。随着宇宙的膨胀，物质在力的作用下凝聚。最初的恒星和银河，就这么形成了。

此后，人类又发射了 **WMAP**[①] 和普朗克卫星。WMAP 证明了宇宙是扁平的。根据相对论，空间可能出现折叠、翻转，我们的宇宙就是欧几里得几何学不断发挥作用的平凡空间。欧几里得几何学讨论的是不会发生折叠的扁平空间。普朗克卫星

① WMAP，威尔金森微波各向异性探测器。——译者注

用前所未有的准确度重新测定了背景辐射，并于 2014 年发表了测定结果。也许对于期待新奇结果的人们来说，这一答案似乎没有带来惊喜，但是普朗克卫星测定的宇宙背景辐射，再次证明了大爆炸理论的正确性。

时间的历史

大爆炸理论阐释了时空是怎样存在的，但物质为什么存在仍然还是一个谜。大爆炸的瞬间，宇宙充满了巨大的能量，这一能量大到可以创造出空间与物质。这就是“**成对生成**”（pair production）现象，在这一过程中，物质总是与反物质同时产生。反物质就是以反粒子现象存在的物质。通过成对生成现象形成的反粒子与粒子，其质量、旋转一致，电荷相反。所有的粒子都拥有与其相对应的反粒子。例如，质子的反粒子是反质子，电子的反粒子是正电子。“成对生成”现象就像是从银行里借了 100 万韩元，获得了一个“ –100 万”的存折。宇宙中不断反复出现 100 万和“ –100 万”的存折，两者相遇并同时抵消，这一过程不断循环反复。宇宙不断膨胀，能量密度降低，最终降到能够进行“成对生成”的水平之下时，宇宙中就只剩下光，变成没有物质的世界。但众所周知，世界上存在着物质。

为什么呢？虽然现在还不知道答案，但确定的一点就是通过“成对生成”现象，产生的物质与反物质的量必须是不一样的。物质比反物质要多生成十亿分之一。多于或少于这个数量，我们的宇宙都不会是今天的模样。十亿分之一，相当于把首尔到釜山的距离精确到毫米。不管怎样，世界上的物质就是产生于这种非对称之中，适当的错位成就了我们今天的世界。

或许有人会问大爆炸为什么这么重要？对于物理学家们来说，历史是由初始条件和定律决定的。作家 T. S. 艾略特曾经说过“我们的探险结束时，就是我们知晓起点之时”。这就如同扔球时，一旦位置和速度是确定的，那么球的飞行轨迹和落点就是确定的。今天的物理定律告诉我们从大爆炸这一初始条件开始的宇宙历史。我们可以从大的范畴上了解这一历史，不过混沌学和量子力学告诉我们不可能知道历史的全部细节。

大爆炸的 38 万年后，原子和光诞生了。宇宙不断膨胀，原子在力的作用下，相互吸引，当原子集聚到一定程度，就形成了巨大的团，这时它的中心受到巨大的压力，达到超高的温度。被挤压的原子裂变为原子核和电子，众多原子核聚在一起，发生核聚变反应，从而诞生了恒星，现在的太阳内部还在发生这种反应。早期的原子主要由氢和氦组成，事实上在早期宇宙中，原子就是宇宙的全部，现在也几乎亦然。恒星内部发生的核聚变反应把氢和氦等较轻的原子聚在一起，逐渐形成了又大又重的原子。恒星变成超新星时，就形成了非常重的原子。

这些恒星构成了银河。太阳系所在的银河中有 1,000 亿个像太阳一样的恒星，是一个巨大的星系。就像地球绕着太阳运转一样，构成银河的恒星也围绕银河中心运转。根据牛顿力学，距离银河中心越远，恒星的旋转速度就应该越慢，但事实上人类通过观测发现，远近对恒星转动的速度影响不大。但没有人敢于主张牛顿的力学理论是错的，于是科学家们约定俗成地认为宇宙中还有我们所不知道的。也就是说，银河内部还藏着能够使恒星的速度比我们预想的还要快的其他物质。如果这些物质肉眼可见，那就不会存在这样的问题，而宇宙中性质不明的暗物质的总量是我们已知物质总量的 5 倍以上。

没有成为恒星的粒子围绕着恒星转动，其中也包含着在宇宙空间转动的原子形成的尘埃。这些尘埃聚合在一起，形成了与地球类似的行星。地球表面的一部分原子聚集，维持着自己的结构并进行复制，于是生命诞生了。生命经过不断进化，成为智人，智人现在提出了“宇宙为何会存在”的问题。

宇宙为何存在呢？这一问题的答案就在宇宙大爆炸发生之时。现代物理学适用于宇宙大爆炸发生的“一千亿分之一秒”后。目前还没有任何一种物理理论，能够解释这之前的哪怕是非常短暂的一段时间。被誉为物理学圣杯的统一场理论或量子力学理论出现后，才能够解释“千亿乘以千亿再乘以千亿分之一秒”的接近大爆炸瞬间的宇宙。在这刹那的时间中，我们如何寻找宇宙存在的理由呢？史蒂芬·霍金所著的《时间简史》的最后一段话如下。

“如果我们对此（宇宙为何存在）找到了答案，则将是人类理智的最终极的胜利——因为那时我们知道了上帝的精神。”

【原子】

构成我们与世界的单位

一切都由原子构成

我儿时觉得最可怕的想象之一，就是死亡。一想到自己不再存在了，就感觉身体浮在空中，世界变成白茫茫一片。一旦死亡，曾存在于自己面前的一切都会消失，包括想法、感觉，还有什么比这更恐怖？但学了物理之后，我了解了原子，开始从另外一个角度来看待死亡，连同看待世界万物的角度都发生了变化。西方哲学家泰勒斯认为“水是万物之源”。可见，最早的哲学问题与万物之源相关，即与物理相关。德谟克利特对该问题的回答与我们今天掌握的情况相似：“甜是由习惯决定的，苦是由习惯决定的，热和冷也是。颜色也由习惯决定，实际存在的不过是原子和真空而已。”世界分为空荡荡的真空和浮在真空中的原子，除此之外都是习惯，即都是人类主观意识的产物。德谟克利特是唯物论者，他认为世上所有事物，连灵魂都是由原子构成的。

古希腊哲学家的话，虽不像今天由实验和数学支撑的现代物理学一样拥有分量，但德谟克利特确实指出了问题的核心。我们周围可见的所有物体不过都是原子的集合，不灭的不是灵魂，而是原子。各事各物的特性实际是原子排布方式不同造成的。没有原子，就没有世界。

德谟克利特眼中的世界是虚无的。原子不过是在空荡荡的空间中做机械运动，没有任何目的和意义，但原子所做的机械运动造就了世界万象。我们现在读到的文章要么被印在纸上，要么显示在屏幕上，这些媒介都是由原子组成的。阅读这些文章的瞬间，我们脑海中的神经细胞会形成许多电信号。神经细胞是由原子构成的，就连神经细胞的电信号也是由原子构成的。钠离子和钾离子穿过神经细胞的细胞膜，形成电信号。它们只是遵循自然法则移动，没有目的亦没有意图。人类的思考也发生在由原子构成的身体中。

所有人都会死。死亡之后，肉体化为尘埃，这就是我小时候非常恐惧死亡的原因。但从原子理论来看，死亡不过是原子的离散而已。由于原子是不灭的，所以人类的诞生与死亡不过是原子的聚散罢了。当我们因为某人离世而深感悲伤时，可以想象我们的身体是由原子构成的，离世之人的身体不过是离散

死亡之后，肉体化为尘埃。但从原子理论来看，死亡不过是原子的离散而已。由于原子是不灭的，所以人类的诞生与死亡不过是原子的聚散罢了。

开来变成了其他物体的一部分。“一切都是原子”这句话可能让人感到虚无。其实，就连这一瞬间的“虚无”这种情感，也是原子运动造成的。所有事物都由原子构成，当我们了解了原子，就了解了一切。

占比几乎百分之百的两个原子和属于误差范围内的 116 个原子

原子的结构非常单纯。中间是原子核，周围有电子在做运动。该结构与太阳系类似，在太阳系中，行星绕着太阳运转。原子核由质子和中子构成，质子数决定原子的种类。含有一个质子的原子就是氢，含有 2 个质子的是氦，含有 8 个质子的是氧。质子数也被称为“原子序数”。若是现在给原子命名的话，有一个质子的原子，说不定就不叫“氢”，直接叫“1 号”了。

宇宙中存在的原子大部分都是 1 号原子，也就是“氢”。它的结构最简单。其次是 2 号原子“氦”。这两者加起来几乎构成了全部宇宙。其余所有原子加起来的总量，也不过相当于误差范围。这个误差范围中有碳、氧、氮、金等各种我们熟悉的原子。原子序数越大，就代表狭小的原子核中聚集的质子越多，因此这类原子就越难形成。大自然自行制造到第 92 号元素铀，从第 93 号开始，它就造不出来了。

一说到“铀”，大家都非常熟悉。铀的原子核得到一个中子，它的核裂变成 2 个，原子弹爆炸就发生了。铀原子核中向外放射出一个电子，发生 β 衰变，就形成了原子序数增加 1 的第 93 号元素。人类在 1940 年的核试验中发现了第 93 号元素镎。镎再经过一次 β 衰变形成的第 94 号元素，就是元素“钚”。铀、镎、钚分别得名于太阳系的行星天王星、海王星与矮行星冥王星。

从 1946 年起，人们用 α 粒子取代中子，做轰击 94 号元素钚的实验。α 粒子由两个中子和两个质子构成（氦 -4 原子核），可以增加两个原子序数，直接生成 96 号元素锔。该元素不稳定，可自行变成 95 号元素镅。此后，人们一直制造到了第 101 号元素。一般新发现的元素都用其发现者的名字命名。1955 年美国研究小组以元素周期表的发现者俄国化学家门捷列夫的名字，命名了第 101 号元素钔。结合当时冷战的历史背景，可以推想这一决定真是不容易。

这样形成的元素数量相当少，但其存在有着不同寻常的意义。要形成第 101 号元素，就需要第 99 号元素。当时，为了获得第 99 号元素，用 α 粒子轰击第 94 号元素钚的实验做了三年之久。经过实验制造出的“钔”元素只有 17 个，即便把它们放在显微镜下也什么都看不到。从 20 世纪 60 年代开始，人们引入了制造元素的新方法。人们将第 23 号和第 79 号元素融合在一起，制造出了第 102 号元素（23+79=102）。

一直到第 103 号元素，都是美国发现的。后来，苏联的杜布纳联合核子研究所的科学家们宣布发现了第 104 号元素。由此拉开了美国与苏联之间的竞争。德国达姆施塔特研究团队的加入，使这场竞争变得更加复杂。经过一番对元素发现优先权的争论之后，1996 年，第 104 号到 109 号元素的名称终于确定了。其中第 105 号元素“𨧀”，得名于苏联杜布纳研究所，第 106 号元素“𨭎”则得名于美国研究团队的负责人喜博格。紧接着发现的第 110 号元素则因达姆施塔特研究团队被命名为“𫟼”。

2016 年 6 月，国际纯粹与应用化学联合会（IUPAC）公布了最新发现的 4 种元素的名称。由此，到 118 号元素鿫 Og 的所有 118 种元素就都有了名字。

生命现象就是原子运动

人们每时每刻都在呼吸。所谓“呼吸”，就是吸入氧气，呼出二氧化碳。两个氧原子结合，浮在空气中，这就是氧分子。氧分子经过鼻子被吸入肺，与蛋白质、血红蛋白结合在一起。

毋庸置疑，鼻子、肺、血红蛋白都是由原子组成的。血红蛋白是蛋白质，含有“铁”原子。铁放置于空气中时可能生锈，氧与血红蛋白结合的过程，就是铁生锈的过程。血液之所以是红色的，就是铁生锈的结果。

氧是很容易反应的原子，一旦与别的原子相遇，马上就会与其结合。所以在身体里独行侠般游走的氧很危险，因为它会与构成身体的原子随便结合，破坏别的原子。这类氧被称为“活性氧”，它是导致衰老、造成细胞死亡的主谋。但矛盾的是，身体中所有的细胞为了获得能量，都离不开氧气。运输危险物质——氧气的特别运送车就是血红蛋白。氧之外的原子都随血液流动，只有氧例外。

观察血红蛋白的结构，我们会发现其中的空间似乎专为氧分子量身打造。氮、氯等其他原子都无法进入这一空间，该空间可以看作是只适合氧分子的钥匙孔。不过，有时，有些与氧分子个头差不多的分子也会误入其中。一氧化碳就是其中之一，一氧化碳是由一个氧原子和一个碳原子结合而成的，与两个氧原子构成的氧分子很相似。吸入含有一氧化碳的煤烟会中毒，是因为这时血红蛋白运送的就不是氧气，而是一氧化碳了。不过，与一氧化碳名称类似的二氧化碳就不会导致这一问题。二氧化碳由一个碳原子和两个氧原子，总共三个原子结合而成，它无法进入只能容得下两个原子的空间。这就好像罗密欧与朱丽叶的两人沙发，坐不下三个火枪手。

血红细胞传送的氧在线粒体内部，使葡萄糖氧化，简而言之，就相当于燃烧葡萄糖。树木燃烧会发热，葡萄糖燃烧会产生能量。我们的身体就是这样获得能量的。血红细胞、线粒体、葡萄糖都是由原子构成的。葡萄糖是怎么来的呢？我们把体外的葡萄糖来源，称为“食物”。实际上，葡萄糖的氧化是一个非常简单的过程，不过是把葡萄糖中的一个碳原子移给两个氧而已。氧抢走葡萄糖中的碳原子后，最终被血红蛋白押运到别的地方去了。

一切生命现象都可以看作是原子运动，我们身体的呼吸也不例外。生命的核心物质 DNA 也是由原子构成的，在揭示其结构的过程中，现代生物学诞生了。无论我们要了解世上哪一种物质的运转方式，在寻求答案的过程中都会与原子不期而遇，因为所有事物都是由原子构成的。

我们右手食指尖的碳原子，也许来源于遥远宇宙中某个恒星的核聚变反应。该碳元素在宇宙中游荡，受太阳引力的影响来到地球，又经过了蓝细菌、二氧化碳、三叶虫、三角龙、原始鲸、苹果……最终来到我们的身体，成为其中的一部分，并在体内移动。说不定就在手指伤口愈合、DNA 信息转译成蛋白质的过程中，它成为皮肤细胞的一部分，留在了那里。

我们就是这样在一个原子中，感受整个宇宙。

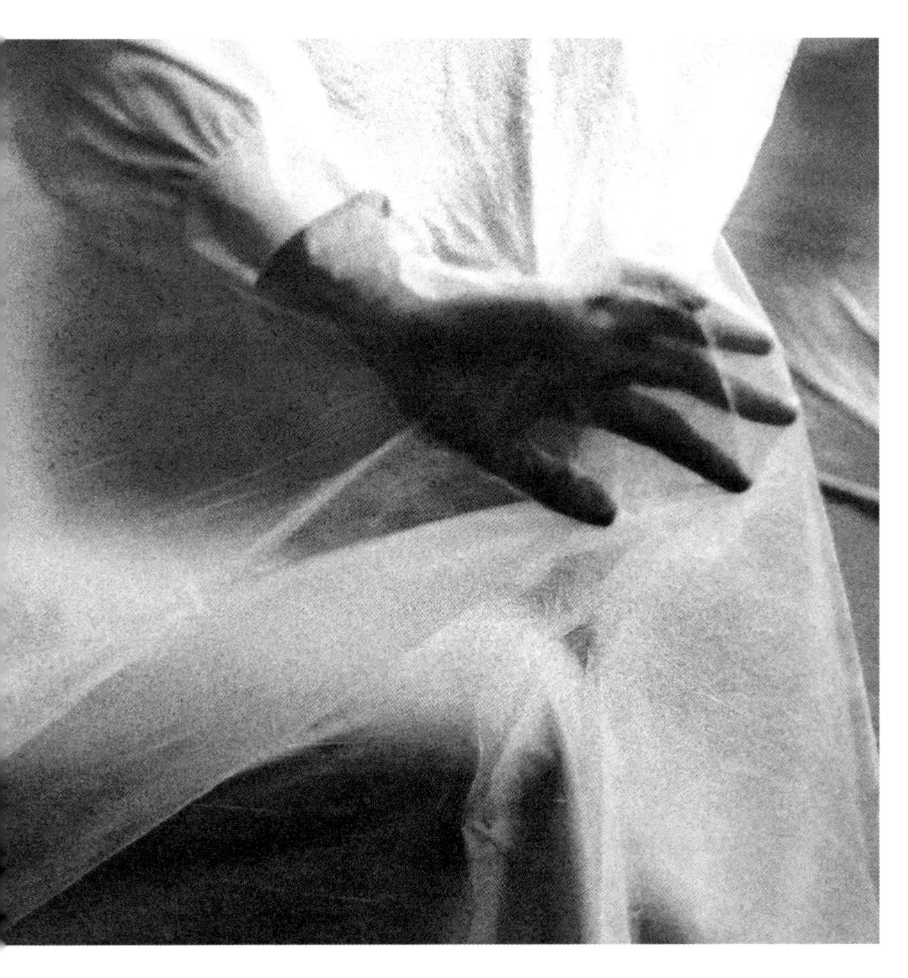

我们右手食指尖的碳原子，也许来源于遥远宇宙中某个恒星的核聚变反应。该碳元素在宇宙中游荡，受太阳引力的影响来到地球，又经过蓝细菌、二氧化碳、三叶虫、三角龙、原始鲸、苹果……最终来到我们的身体，成为其中的一部分，并在体内移动。说不定就在手指伤口愈合、DNA 信息转译成蛋白质的过程中，它成为皮肤细胞的一部分，留在了那里。

【电子】

一样，也不一样

一模一样的东西
其实并不一样

如果仔细观察，我们会发现同卵双胞胎，长相也会有所不同。即便他们源于同一个 DNA，但受外部环境的影响，他们之间会有差异。即便所处的外部环境也一样，差异还是会出现，这是因为我们体内的细胞不停地在进行复制。如若不然，我们身体的形态将无法维持。人类的基因组中约有 32 亿个碱基对，复制一个 DNA 的工作量相当于把全世界一半人的名字写到账本上。人的身体中大约还有 30 万亿个细胞，每个细胞都拥有一个 DNA。每当细胞复制时，DNA 也进行复制，在该过程中一定会出现失误，从而导致即便是双胞胎，在细胞水平上，他们也不可能完全一样。

表面上看起来完全一样的 100 韩元的硬币，严格来说也并不一样。它们虽然都应该重约 5.42 克，但实际用精确到亿分之一克的精密秤来称重的话，便会发现硬币之间存在质量差异。即便精确到亿分之一克，两个硬币的质量都相同，它们也还存在不同，因为原子的个数不一样。即便原子个数一样，还是有差别。因为 100 元硬币由 75% 的铜和 25% 的镍组成，铜原子和镍原子的相对排列也有可能不同。即便相对排列都一样，也仍然会有差别。因为铜和镍有同位素。**同位素是化学性质一样但质量不一样的原子**。所以，如果我们对周围存在的物体，进行原子级别的比较，“相同”是毫无意义的。因此，即使是一模一样的东西，从原理上就可以断定它们其实不一样。

构成原子的小东西

德谟克利特认为原子是无法再进行分割的最小单位。西方哲学传统上认为原子就不能再进行分割了。但传统不就是为了被颠覆而存在的么？量子力学的产生就源于发现了原子也是由什么其他东西组成的。

迈克尔·法拉第与詹姆斯·麦克斯韦生活的 19 世纪是电的

时代。在两个电极之间施加高压，就会产生放电现象，从而产生人工闪电。在西方，人们认为闪电是宙斯这类神祇才能制造的。闪电是神使用的武器，现在竟然被人所掌握！人们在两个电极之间逐渐施加更高的电压，从而获得了更炫丽、更壮观的闪电。电闪雷鸣之时，人们发现了空气中有什么在流动。是什么在流动呢？

可以确定的是，这个“什么”在流动的过程中，会对空气中的原子产生干扰。在真空管中放入电极制造闪电，可以观察到这个“什么”在连续而清晰地流动。1898 年，约瑟夫·汤姆森（1906 年荣获诺贝尔物理学奖）证明了这是电子的流动。闪电就是电子。令人震惊的还不止于此，**电子的质量比当时人们所知的最小的氢原子还要小，大约是氢原子的两千分之一**。居然存在比原子还小的东西！既然世上万物都由原子组成，那么电子也只能是原子的一部分了。

所有的电子都是一样的

电子是无法再分割的物质的最小单位。我们每一次呼吸时，都会吸入大约 500 毫升的空气，大致包含有阿伏伽德罗常数个的电子。**阿伏伽德罗常数是一个庞大的数字，“1”后面有 23**

个“0”。这些电子彼此完全相同。前面分明刚讲了看起来一样的物体实际上是不同的，为什么又说电子是完全一样的呢？这是因为电子是物质的最小单位。电子既没有颜色，也没有形状，其内部也没有更小的结构。所以，所有电子都是一样的。

在炸鸡店，我们总要面临痛苦的选择：酱香与干炸，到底选哪一种？如果菜单上没有“一半酱香，一半干炸”的选项，我们就只好抛硬币来决定吃什么了。人们通常抛一枚硬币，但我们这里做的是物理题，所以我们勉为其难一次抛两枚硬币吧！抛出的硬币，朝上的面都一样的话，那就吃酱香鸡，不一样的话就吃干炸鸡。两种结果出现的概率都是50%，因为结果无非是“正正”“正反”“反正”“反反”四种结果，面一样的情况是“正正”和“反反”两种，面不一样的情况是“正反”和“反正”，也是两种。

如若两枚硬币完全一样，会发生什么呢？如前所述，两枚硬币绝不可能完全一样。不过，假设两枚硬币像电子一样完全相同，难以区分，此时，出现“正正”和“反反”没有什么太大关系，问题是出现“正反”和“反正”。“正反”意味着一枚硬币正面朝上，一枚硬币反面朝上，即当此硬币是正面时，彼硬币是反面。我们用“此”“彼”来区分两枚硬币。如若两枚硬币完全一样、无法区分，那么“正反”和“反正”的区分就变得毫无意义，这两种情况变得完全一样，也就相当于是一种情况。

这导致最终的结果只有三种，即“正正”“反反”“正反”(或者“反正”)，其中出现同样面的情况为两种，所以结果变成：吃酱香鸡的概率为2/3，吃干炸鸡的概率为1/3。假如你还在为要不要向心仪之人告白而苦闷的话，不妨抛硬币吧！如果朝上的面相同的话，那就表白试试！

当不可区分遇上量子力学

所有的电子都是一样的，它们由量子力学来描述。在量子力学所描述的原子世界中，我们的经验和常识是行不通的。因为一个电子可以同时存在于多个地方。我们不可能同时出现在首尔和釜山，但构成我们身体的电子却可以做到。现在，用量子力学来对待不可区分的电子，得到的结果会完全出乎我们的意料之外。

当我们想要记述某样东西时，首先要给它命名。假若物理学上有两种电子，那么就要分别给它们命名。

但所有的电子都是一样的，怎么进行区分呢？我们对不可区分的粒子，该怎么命名呢？量子力学对这个问题给出了惊人的答案。让我们再回到吃炸鸡的故事。假设两个电子分别吃酱香鸡和干炸鸡。我们不用去管电子为什么吃炸鸡，其实就等同于甲吃酱香鸡，乙吃干炸鸡。当然这种描述方法是错误的，因为无论是“甲”还是“乙”，不过是方便起见赋予电子的名字而已。其实它俩完全一样。就算是乙吃酱香鸡，甲吃干炸鸡，也没关系。答案就在这里：“甲吃酱香鸡，乙吃干炸鸡”和反之“甲吃干炸鸡，乙吃酱香鸡”，在量子力学上可以同时发生。如同电子可以同时存在于两个地方一样。

现在来总结一下，当我们分别赋予两个电子“甲”“乙”的名字时，就对两个电子进行了区分。不过，当“甲吃酱香鸡，乙吃干炸鸡”或“甲吃干炸鸡，乙吃酱香鸡”，这两个事件同时发生时，区分就消失了。量子力学用自己的方式证明了所有的电子都是一样的。这就是宇宙中的重要法则“泡利不相容原理”。沃尔夫冈·泡利因为这一发现，荣获了 1945 年的诺贝尔物理学奖。

泡利不相容原理揭示了电子在原子内部的排布情况。如同酒店的单人间只能住一人，双人间只能住两人一样，量子力学决定什么情况下排布几个电子。电子的空间排布非常重要。就像与他人的关系决定你的声誉一样，与其他原子的关系决定了原子的特性。原子的中心是非常小的原子核，周围环绕着很多电子。从其他原子的角度看，只能看到它周围的电子。这意味着电子的排布决定了原子的特性。比如，电子排布相似的锂和钠在水中都会发生激烈的反应，电子排布相似的氟和氯都是有毒气体。所有物体内部的电子都同样按照泡利不相容原理排布，即所有电子都一样这一原理，决定了世界上所有物质的特性和形态。因此，宇宙中所有的电子都一样这一事实，构成了我们存在的基础。

为什么所有的电子都一样？

电子是构成物质的最小单位，每个电子都是一样的，这里是否有什么更深奥的含义呢？

现在的偶像天团，他们的舞蹈技艺高超，假设 10 名团员用身体摆出了“老虎”的形象，团员们移动身体，老虎也随之移动。老虎本身虽然不是真正存在的，但看到它的形象就如同看到了真身。如果用一般的高中生代替偶像天团摆出同样的老虎形象。表面看起来，两个老虎的形象是一样的，但我们能因此就认为这两只老虎是一样的吗？

这一问题很微妙。现在我们讨论的对象不是由一样的原子构成的物质，而是附着在物质上的形象。要想构造某种形象，就需要相应的材料，但这不是必要条件，而是次要条件。因为用猫、乐高玩具、苹果等都可以构造形象。事实上，形象不过是在空间上形成的数学图形，也就是说它是一种抽象的符号。数字

“1”和“1”完美一致，这并不代表报纸上印出来的两个“1”就完全一样了。如前所述，印刷出来的数字如果追踪到原子级别，它们绝不可能相同。“1”是一种抽象的数学符号，代表有一个。从“符号”的角度来看，这两个 1 是一样的。前面介绍的老虎形象同样也是符号、信息，它们都属于“概念”，所以是一样的。

我们以为电子本身是拥有质量与电荷的实体。但如果电子不过是与老虎形象一样的存在，那对电子进行区分就变得毫无意义，因为此时的电子不过就是些“符号”而已。电子是什么产生的呢？物理学家把这个“什么”称为“电场”。用这种方式描述原子的方法就是“量子场论”。量子场论是当今物理学理论的重要框架。

量子场论中的世界是这样的。电子场中形成电子，但电子不是实体，而是电子场制造出来的。用不那么准确的比喻来说，电子不是独立存在的，而是相当于电场的组成部分。因此所有的电子都一样，彼此无法区分。

由众多原子聚集而成的日常物体，不可能完全相同。但从原子水平来看，电子等基本粒子几乎完全相同，不可区分。我们看到的物质本身不是实体，只是其背后隐藏的场的一部分，不过是形象而已。

有时，我们看到的并非全部。

人、树、泥土、空气、智能手机，都由原子构成。从原子水平来看，电子等基本粒子几乎完全相同，不可区分。我们看到的物质本身不是实体，只是其背后隐藏的场的一部分，不过是形象而已。
有时，我们看到的并非全部。

线粒体，
保障生命体的生存

尽管我们了解了宇宙的起源，但还不了解生命的起源。连生命到底是偶然的产物，还是必然的结果都不知道。如果你认为生命是理所当然的，不过是因为你生活在充满生命的地球上。

地球上的所有生命体的基本单位都是细胞。就像人类聚集形成社会一样，细胞聚集形成生物。当然也有一个细胞形成的生命体。不，大部分生命体都是由一个细胞组成的单细胞生物，也就是细菌，细菌遍布于地球的任何一个角落。细菌分为原核细胞和真核细胞。两者的差异就在于是否有细胞膜的存在。细胞膜就是环绕在 DNA 周围的膜。拥有细胞膜的真核细胞非常重要。人、猫、青花鱼、松树等所有多细胞生物都是由真核细胞组成的。

真核细胞的细胞膜里含有遗传物质DNA。DNA的存在决定了“种瓜得瓜，种豆得豆”。对于生命体来说，繁殖固然非常重要，但最重要的还是生存本身。为生命体生存提供能源的细胞内器官，就是“线粒体”。这也是尼克·莱恩的书的主题。

线粒体是制造生命能量的工厂，是诞生多细胞生物和性的源泉，也是导致细胞自杀和老化的幕后力量。所谓多细胞生物，好似非常特别，但实际上它指的是除了细菌之外的所有生命体，至少是我们能看见的所有生命体。这一复杂而巨大的主题，竟然可以用细胞这么一个微小的结构来解释，真是令人惊讶！

构成人体的所有细胞拥有的遗传基因是一样的。也就是说，构成我们脚趾的细胞与构成我们鼻子的细胞，拥有同样一套遗传基因。这些遗传基因都位于细胞核内。它们复制了受精卵中来自父母的信息。

线粒体拥有自己的遗传基因。它位于细胞核外，原本与繁殖没什么关系。那么，为什么线粒体中含有遗传基因呢？在远古时代，只有没有细胞核的原核生物，简而言之就是只有细菌。20亿年前的某一天，两个细菌决定生活在一起，真核细胞自此诞生了。后来变成线粒体的细菌，它原本独立生存，拥有自己的遗传基因。一个细菌将它整个吞了下去。奇怪的事发生了，这个被吞细菌的遗传基因没有死亡，于是两个细菌以一种新的方式生活在了一起。被吞噬的细菌利用吞噬者的内部物质生成能量，就成了“线粒体”。线粒体受到吞噬细胞的保护，吞噬细胞从线粒体那里免费得到食物，两者之间实现了“双赢”。这就是共生，共生产生了伟大的真核细胞。

如果把线粒体的共生看作是美丽的合作，那可就大错特错了。细胞会自杀。如果有致命缺陷，或发生严重的感染，细胞自行消失就是顾全大局。此时，就会使用破坏线粒体的方式。线粒体是细胞的能量工厂，破坏线粒体相当于切断了机器的电源。细胞自己会自杀，也会收到外来的自杀指令。决定细胞自杀的不是细胞核，而是线粒体中的遗传基因。细胞自杀是维持多细胞生物这一社会组织的公权力。没用的细胞不及时消失，生命就难以维持。如若没有线粒体，一开始就不会诞生多细胞生物等复杂的生命体。如若没有线粒体这一便携式能量工厂供应充足的能量，就无法维持复杂性。但“线粒体”能量工厂像核电站一样危险。线粒体一旦发生异常，就会产生“自由基”，这是引起老化的元凶。因为有了线粒体，生命得以进行复杂的进化，代价就是要面对老化与死亡。

《线粒体》一书深奥又有趣，内容翔实，读起来并不容易。

不过，这正是这本书的美妙所在，因为它完美地展示了“不断寻找答案的科学”的真正模样。读完这本书后，你会忍不住读更多有关生命科学的书。因为生命既是一场时间旅行，也是量子力学，生命的故事如此令人惊异。也许你会把尼克·莱恩的书都买回来，就像八年前的我一样。

物理学家眼中的性别差异

1985 年 11 月 2 日韩国《中央日报》上刊登了一则题为“科学高中，为什么不收女生”的报道。当时，科学高中的第一批毕业生中没有一名女生。虽然现在大家会对此感到惊讶，但在当时女生考科学高中本就不可能。人类克服性别歧视的历史并不长。即便在欧洲，最早也是从 1906 年的芬兰才开始赋予女性参政权的，美国则始于 1920 年。因而在美国，黑人男性比白人女性优先得到参政权。而在韩国，虽然宪法保证了女性的参政权，但现实社会中仍然充斥着男女不平等。

一滴墨汁进入水中会逐渐扩散开来，均匀地溶解在水中，密度会自发变得均匀。该现象可用热力学第二定律来解释。人类中的一半是女性，但我 1989 年考入韩国科技大学（KAIST）

时，女生人数只有男生的5%。根据热力学第二定律，女生数应该占总学生数的50%才对。没有特殊原因的话，男女生的比例无论在哪儿都应该是接近的。当时KAIST的在校学生中的一半左右都来自科学高中，但科学高中没有一名女生。这就是性别不平等的一个表现，为什么会出现这种情况呢？

对女性的歧视不仅受制度的影响，也受根深蒂固的文化意识的影响。很多故事都是从男性的立场来记述的。比如《圣经》中创世纪的故事，夏娃是由亚当的肋骨做成的。这就形成了男性是人类原型，而女性是经由男性而来的附属品的认知框架。这种解释从科学上来说，是错误的。胎儿如果不接触雄性激素，就会发育为女性胚胎。在生物学上要想成为女性，就需要雌性激素。而雌性激素只在发育出乳房、翘臀，调节月经周期方面发挥作用。这样来看，人类的原型应该是女性才对。实际上，人类的原型到底是男还是女，还是与性别无关，并不重要。重要的是，男性是人类的原型这一认知框架，从科学上来看是错误的。

"男性不断生产精子，充满生命律动；女性只消耗其出生时携带的卵子。精子之间相互竞争，是动态的；而卵子只是接受精子选择，是被动的。"事实果真如此吗？一个在母体中20周的女胎儿携带700万个卵子，此后卵子不断死亡，到青春期时大概还剩40万个。随着卵子不断死亡，能成功排出体外的卵子，最多也不过 450 个。那么多卵子到哪儿去了？卵子消失的过程，其实就是为了留下最好的卵子而不断进行自体竞争的过程。精子要通过激烈的竞争实现授精，不过只是进行几小时的竞争，而卵子从产生到消失都处于竞争之中。所以，对于胎儿来说，真正重要的是卵子。

有性生殖在进化史上具有特别重要的意义。所谓有性生殖，指的是不同性别的个体相遇，各自贡献一半的遗传基因以繁衍子孙的生殖方式。遗传基因如果想要最大限度地保留自己，那么最好的方式就是进行自我复制（无性生殖）。因为有性生殖最理想的情况，也不过留下一半遗传基因。而要想留下一半的基因，首先要找到可以进行有性生殖的对象。在寻找性别的文化、历史意义之前，科学的原理更简单——男性和女性为了留下遗传基因，相互需要对方。

男性只提供精子，女性负责怀孕，这就造成在繁衍后代上，男女处于极不平等的地位。婴儿拥有父母双方各一半的遗传基因，而在 9 个多月里饱受生育之苦的却只有女性。过去数十年，韩国社会为消除性别不平等付出了很多努力。但这种努力似乎起到了反作用，现在对女性的偏见越发严重。回顾起来，可以说，历史是男性利用生物学上的优势对女性进行剥削的过程。男女的遗传基因都是留下一半，但在繁殖过程中女性付出了巨大的牺牲，那么男性在男女关系上做出些补偿，是不是理所应当呢？

人类的近现代史就是一部扩大人类平等权利范围的斗争史。那么，人类为什么要平等呢？你能回答这个问题吗？从麦克尔·桑德尔的《公正》一书，我们可以看到回答这个问题有多么困难。我不是该领域的专家，斗胆来回答一下——人人平等，这难道不是生物学给出的答案吗？抛开每个人所拥有的文化、社会外衣，只看成不穿衣服的智人，我们很难说大企业的CEO和地铁里的修理工有什么差别。

从遗传基因的角度来看，差异更是难以区分。所有人的遗传基因都与他人有99.5%相同。只看遗传基因，实在难以找到区别对待两个人的依据。就遗传基因来说，人类与黑猩猩之间也应该是平等的。因为黑猩猩有99%的遗传基因与人类相同。类似的，男性与女性之间的遗传基因也有99%是相同的。如果人类的平等是因为有生物学上的依据，那么现在是时候，让我们将平等的范围扩大到其他物种了！

让“大小”告诉你
（《爱丽丝梦游仙境》）

文学中最有名的变形，就是把人变成与人一般大小的昆虫。从生物学上来看，人和动物之间的差别不大，两个物种都不过是众多细胞的集合。物理学中，这样的变形意味着原子的重新排布。

刘易斯·卡罗尔的《爱丽丝梦游仙境》是一部有关变形的伟大作品。事实上，爱丽丝不停地在变身。她不是变成了昆虫，而是她的身体反复变大、变小。有人可能会质疑“只是变大变小，就算得上是变身吗？”在自然界中，不同的大小尺度需要用不同的物理学来描述。我们所处的这个世界，是用牛顿发现的经典力学来描述的。当切换到原子世界时，就需要用量子力学来描述，在这里，会上演一个原子同时在两个地方出现的魔术。当我们讨论宇宙的规模时，就需要用上广义相对论：任何有质量的物体都会引起时空弯曲。不同尺度的世界之间的界限仍然是个谜。在物理学中改变大小，就好像在现实中到了边境管理局。

在物理学中，大小让人头疼。在艺术中，大小也是绝对变量。东京御台场曾展出过“真人”健谈机器人。将科幻片的道具称为“真人”，好像有些搞笑，但当人们真正看到 16 米高的机器人时，真的会不觉屏住呼吸，甚至流下激动的泪水。在东京原美术馆的照片展上，我也曾有过类似的体验。那是一副放大了的裸照，看到照片中那么巨大的裸体时，我内心感到一阵不舒服，那感觉就像看到了一只房子大小的天竺鼠。

爱丽丝也知道大小与自己的主体认知相关。当一只小虫子问变小的爱丽丝“你是谁？”的时候，爱丽丝回答说：“我也不知道我是谁，你也知道，我现在不是我自己。”爱丽丝说因为自己的身高总是发生变化，所以感到很混乱，于是她问小虫子，变成茧又变成蝴蝶时，有什么特别的感受。小虫子用一句话做了回答：“没有，完全没有。”也许，小虫子会同意我这样来解释——对小虫子来说，变态比变大变小更容易。

爱丽丝会随时变大或变小。这对她来说，是一件相当不便的事儿。身体变大了，就不能从门里通过，会被门卡住。这些不便的根源不在于大小本身，而在于大小发生了变化。因为如果她的身体原本就很大，就根本不会想去过那扇门。

当我们谈到大小变化时，一般想到的是整体均匀地变大或变小。但事实并不如此。与小虫子分手后，爱丽丝的身体又变大了。这次只有她的身体拉长，头都伸到了天上。鸽子看到了爱丽丝，害怕地说她是蛇，爱丽丝否认道："我，我是一个女孩儿。"鸽子嘲笑她："我可从没见过有你这样脖子的女孩儿！……你敢说你到现在为止，都没有吃过一个蛋吗？"爱丽丝非常诚实地回答："我当然吃过了。其他女孩子也都像蛇一样吃过很多蛋。"鸽子反驳道："如果你说的是真的，那么其他女孩子也算是一种蛇了！"显然，这个逆命题并不成立。

大小变化是一种重大变形，但越是这样，物理学家们就越想将其推翻。不说别的，假如世上只有大小可以随意变化，那么世界将会发生什么呢？你会发现，桌子和玻璃瓶一样大。桌子可以缩小成一张板子。把玻璃瓶沿着瓶口展开，也可以扩成一张板子。不过，有洞的甜甜圈与桌子是不一样的，因为桌子无论怎么扩大或缩小，都不会凭空产生一个洞。这听起来像是诡辩，却是"拓扑学"的一部分。在拓扑学中，大小变化等同于无。

你可能会讨厌我这样若无其事地诡辩。我也可以突然变形，突然改变我的主张。看到你生气的表情，我就想把我的身体扩大十倍。你好像气得要把我送上女王的法庭。法庭上正在进行对爱丽丝的审判。"爱丽丝的变形是有罪的！"女王这样判决："砍了她的头！"接下来轮到我了。但我一点儿也不害怕，它们不过是一堆纸牌而已。

什么是“拓扑学”

有没有可能不脱鞋就脱袜子？作为一名理论物理学家，我可以真诚地回答说“可以”。不过前提是，袜子受到拓扑学的作用。拓扑学研究的是随意拉大或缩小对象，但性质不发生改变的情况。我们以运动背心为例。运动背心上方有三个孔，一个孔让头通过，另两个孔放胳膊。把背心的肩膀部分使劲伸展，一旦伸展的长度超过了胳膊的长度，就等于把胳膊给脱出来了。再缩短背心的身体部分，并把背心向上移动，依次经过胳膊和脖子，背心就从头上脱了下来。

从拓扑学的观点来看，衣服的内外没什么意义。只有像橘子那样，剥掉外皮才能看到内里，这时所谓内和外才有存在的意义。衣服是按照顺序一层层穿起来的，只不过因为衣服无法都露在外面，才有了内和外之分。因此，穿着鞋脱袜子，也是可能的。从拓扑学的观点来看，没有盖子的可口可乐瓶与 A4 纸是一样的。沿着从瓶口到瓶底的线压缩，就能得到一张平板，变形成四边形，就与 A4 纸一样了。

足球、篮球、台球、沙滩排球从拓扑学的角度来看都是一样的。但甜甜圈却不一样，因为甜甜圈中间有一个圆孔。无论怎样扩大或缩小，孔都不会消失或产生。所以从拓扑学的角度来看，球和甜甜圈是不一样的。而甜甜圈与游泳圈、手链是一样的。从拓扑学的角度来看，孔数不同的东西是不一样的。

人类的胚胎在发育过程中，也会经历从球到甜甜圈的拓扑学变化。这话听着有点奇怪，且听我徐徐道来。精子和卵子相遇形成受精卵后，最重要的阶段就是球状的胚胎出现孔洞，形成甜甜圈状。再后来，孔洞的一侧发育成了嘴，另一侧发育成了肛门。正如前面一再强调的，无论通过拉伸还是缩小，这样的变化在拓扑学上是不可能实现的。也就是说，必须有一部分细胞死掉、消失才能达成。这也是为什么“细胞自杀”是必需的。

处于极寒状态下（零下 270 摄氏度）的物质或非常薄（A4 纸厚度的万分之一）的物质中，拓扑学也发挥着重要作用。通常情况下，给材料加上磁场，它的电导率（电荷通过的难易程度）会连续改变。不过在严寒或非常薄的情况下，改变磁场，材料的电导率并不会改变，而是维持在一定的程度，只在特定的磁场中突然增大两三倍，这就是**量子霍尔效应**。将拓扑学引入到物理学中，并因此荣获 2016 年诺贝尔物理学奖的获奖者们认为，量子霍尔效应下的电导率拥有拓扑学的特征。电导率的作用与前面讲的“孔的个数”类似。就像任何不改变孔的个数的变形都不会对拓扑学特性产生影响一样，材料的种类、杂质、元件结构等因素都不会对量子霍尔效应产生影响，这是一种普遍现象。

我们的一生中要守护的那些重要价值，都可以比作拓扑学中的“孔的个数”。只要能维持孔的个数，我们就接受任何变形，这样来生活，你觉得算不算洒脱？因为从拓扑学的角度来看，各种变形的生活是没有区别的。过去的我们是不是执着于生活表面的变化，而忽视了人生真正重要的价值？对我们来说，绝对不能放弃的人生价值是什么呢？这就是拓扑学向我们提出的问题。

第 2 部分

在时空里张望

——这世界如何解释

【最小作用量原理】

活在当下，预知未来

同时认识到过去与未来

“其实，在写出最初一画之前，整个句子的构成已了然于心了。”

这是特德·姜（姜峯楠）的小说《你一生的故事》中的一句话。这部小说还被改编成了电影《降临》：某天，天空中出现了一艘巨大的宇宙飞船，人们将里面的外星人称为“七肢桶”，但人类完全不能理解他们的语言，屡次尝试沟通都失败了。本段之前引用的句子，就是小说中对七肢桶语言的描写。

人类理解宇宙的方式与七肢桶大不相同。人类只能看到一瞬，而七肢桶却能同时看到过去与未来。对人类而言，过去只存在于记忆之中，而未来尚未到来。不过对七肢桶而言，过去与未来是同时呈现在其思维中的。他们使用语言的目的，不是为了传递信息，而是为了将预定的事件变成现实。你可能觉得“这也太会编了”。但事实上，小说中对七肢桶认知方式的设定是有物理学依据的。并且，创作出“七肢桶”这一形象的作家特德·姜大学期间学的正是物理专业。

牛顿运动定律记述的是非常短的时间内发生的速度变化。这里所说的“非常短的时间”，是大于“0”又几乎与“0”无异的时间，即无限接近于“0”却又不是“0”的超短的时间间隔。如此短时间内的变化率就是“微分”。导致变化的原因是“力”。力作为原因产生作用，导致出现“加速”的结果。一个个短暂的时间间隔密密麻麻连接起因果法则的连锁反应，是理解牛顿力学的核心思考框架。宇宙就是这样像齿轮一样没有一丝误差地朝着指定的未来前进。

19 世纪中期，威廉·哈密顿提出了描述运动规律的新原理：物体按照形成“一定物理量”的最小路径移动。我们来想象一下处于自由落体中的物体。根据牛顿定律，对物体放手的瞬间，物体受重力影响就会加速，开始垂直下落。随着时间流逝，物体下落的速度越来越快。不过，哈密顿的观点是这样的：物体可以经过多种路径和过程到达地面。无论是沿着圆形或心形路径下落，还是沿着直线路径下落，都有可能开始时速度快然后速度逐渐变慢，或者一直匀速。确定了运动路径后，就可以计算出被称为“作用量”（action）的物理量。如若能计算出所有路径和过程，就可以找到其中的最小值。该值所对应的路径与过程，与用牛顿定律求得的结果完全一致！

这听起来有些玄妙，不过深入到数学层面探讨，你就会发现这样的结果是必然的。就像“2”相加三次的结果与“2”乘以“3”的结果是一样的。牛顿力学与哈密顿力学在解释物理运动时，得出的结果一样，不过两者在哲学上存在微妙的差异。在哈密顿力学中，使作用量最小化的“倾向”决定着物体的运动，这就是“最小作用量原理”。该原理要想发挥作用，需要尽可能提前预算出各种路径，并计算出作用量。这也就是七肢桶感知世界的方式。

曾有人想把作用量最小化的“倾向”，用“意图”一词取代。这个人就是法国数学家皮埃尔·路易·莫佩尔蒂，实际上，哈密顿的想法就源于他。莫佩尔蒂将最小作用量原理与神学结合起来，认为这个世界是依据某个谁的意图向前推进的。而这个“谁”就是“神”。

电脑与人工智能

电脑与人工智能看似一样，但基本原理不同。这种不同就相当于牛顿力学与哈密顿力学的差异。电脑源自艾伦·图灵的设想。图灵机是把“0”与“1”组成的字节数据一个个读出来，再按照一定的法则依次进行处理的机器。依次处理数据的工作表就是运算法则，形成运算法则的过程就是编码。图灵机可以进行数学上的所有运算。我们用的大部分电脑都是按照这一原理运转的。因此电脑无法产生“爱”，因为爱不是数学。

图灵机（也就是电脑）的原理是牛顿的机械因果律。它可以读出字节，并根据命令符按照时间顺序对字节进行处理。比图灵更早产生这种想法的人是查尔斯·巴贝奇，他曾尝试用齿轮制造计算机。令人遗憾的是，以当时的技术难以制造出精巧、细致的机械装置。电脑是依据牛顿力学进行思考的机器。这里没有“意图”，不过是根据运算法则朝着下一瞬间前进而已，未来是预设好的。

人工智能以神经网络为基础，它模仿的是人类大脑的工作原理。大脑由名为神经元的神经细胞构成。神经元向外传送电信号，通常可与数千个其他神经元相连。这些神经元的连接部位并不固定，而且连接强度可以变化。我们所说的“记忆”，就是该连接部位的强度的集合。调节连接强度、形成记忆的过程就是学习。人工神经网络完全反映了大脑的这一特性，所以神经网络具有学习能力。学习就是调节连接部位的强度，以便让特定的输入产生所需的输出。这与最小作用量原理是相同的思维方式。

阿尔法狗（AlphaGo）的目的就是在围棋比赛中获胜。在围棋中，目数多的一方获胜。从数学上来看，阿尔法狗就是致力于让自己的目数与对手的目数差异最大化的一种机器。为了实现这一目的，阿尔法狗会提前计算所有可能，得出各种目数差异，并通过调节连接网的结合强度，得出差异最大化的路径。那么，这可以算是阿尔法狗的意图吗？还是应该算作阿尔法狗制造者的意图通过阿尔法狗得以实现呢？那么，人类的意图会不会是其他什么存在的意图呢？

偶然与必然

“科学必须要客观。说明某种现象时，如果掺杂了目的或意图，将无法到达最真实的认识，因此要系统地拒绝这些情况发生。”

这是生物学家雅克·莫诺的著作《偶然性与必然性》中的一段话。莫诺观察生命体的结构与活动，认为能从中发现生命体在追求某种意图。比如飞来飞去的蜜蜂，它们带着采蜜的目的寻找花朵，并告知同伴花朵的位置。自然法则如何解释这样的意图呢？认为“自然也有意图”的想法，与现代科学的基本态度是相悖的。

如果宇宙也有意图，那么所有的科学难题都可以一举解决。为什么会产生宇宙呢？是因为神的意图。人类为什么存在呢？是因为神的旨意。高温超导性现象为什么存在？是因为神期望出现这一现象。事实上，很多文明都以这种方式回答令人费解的问题。当发生我们难以理解的事情时，我们也通常认为这是神的旨意。西方近代科学的特别之处，就在于它试图排除神的意图来理解世界。

那么，生命所展现出的生存欲求，想生育更多子孙的意图究竟是什么？对此，现代科学给出的答案是“进化论”。进化没有意图，像掷骰子一样，所有的可能性都是随机出现的。世界上既有黑色飞蛾也有白色飞蛾，世界明亮时，在白色的背景中黑色飞蛾很容易被鸟捕食，因而只有白色飞蛾能生存下来。当世界暗淡下来，则只有黑色飞蛾能生存下来。就这样，在逐渐努力适应环境的过程中，才出现了像人类这样高度复杂的生命体。我们的所有行为都是为了生存而做出的选择。这其中所谓的“意图”，就类似于阿尔法狗为了获胜而下围棋。从进化论的视角来看，生命是偶然的产物。我们所说的“必然”，不过是我们对发生的事件做出了的“必然”的解释。

量子力学与牛顿力学，这两种力学解读世界的方法稍有不同。在量子力学中，不存在牛顿力学中被注定的未来。这不是说因果律破灭了，也不意味着万物都受因果律的支配。牛顿力学虽然能明确掌握物体的位置，但难以明确掌握原子的位置。不过，不能因此就认为量子力学是“不可知论”。我们可以掌握在特定位置发现原子的概率。

了解概率对于了解生命，有至关重要的意义。量子力学的结果受偶然性支配。掷骰子时，我们不知道哪个数字会出现。出现“1”，却没有出现“1”的理由，这不过是偶然。但我们却想赋予出现“1”这一现象以特别的意义。难道出现“1”，不是神的意图吗？我们很难反驳这样的主张。存在的东西容易展示给别人看，但不存在的东西却难以展示。

雅克·莫诺的想法是这样的，生命现象也受物理定律的支配。深入到原子领域时，物理定律只告诉我们概率，生命也受概率的支配。我们很难解释为什么在无数可能性中，只发生某一特定事件。这样的问题类似于掷骰子时，询问为什么出来的是“1”。其实，“1”不过是各种可能性中的一个而已。进化就像这样，是偶然产生的。我们可以赋予偶然被选择的无数事件的连锁以意义，或更进一步赋予其意图。这样，偶然就成了必然。不过，这里其实并无意图。

小说中的七肢桶能够同时看到过去和将来。就像在哈密顿力学中，能将物体的所有的可能性都列出来，并从中寻找最好的结果一样。那么，七肢桶为什么还能生活下去呢？小说中的主人公与七肢桶相遇后，了解了他们的语言。掌握了这种语言，就意味着可以看到未来。主人公从而得知了自己的爱人什么时候会离开，也知道即将出生的孩子会生病早逝。但他还是选择生活下去，他爱着她们，他活在当下。对于能看到未来的人来说，“活在当下”意味着什么呢？小说中的作家如此解释：“无论谈什么，七肢桶都知道谈论的内容。不过是为了让其变成现实，才需要开始谈话。”

物理学看世界的观点有两种：一种认为，现在这一瞬间的原因导致了下一个瞬间的结果；另一种认为，宇宙以最小作用量的倾向运转。这两种观点在数学上是一样的，它们是得出同一结果的两种思维方式。对于后者，人类称之为宇宙的“意图”，这也许源于人类相信神之存在的本性。不过，这只是人类解释世上发生的事情的方式而已。在这两种情况下，世界都按照数学方式前进，数学中并没有什么“意图”。

对于能看到未来的人来说，“活在当下”意味着什么呢？小说中的作家如此解释：“无论谈什么，七肢桶都知道谈论的内容。不过是为了让其变成现实，才需要开始谈话。”

【混沌】

只有预测是确定的

科学上的决定论

谁都想知道未来是什么样的。自古以来，预测未来的行为都是神圣的，历史上，有人因为胡乱预测而不幸丧命的故事屡见不鲜。在史前时代，能够预测气象与天体现象的“最早的科学者”——祭司是权威的源泉。预测日食、月食本身就象征着神的权威，这也是君王需要祭司的原因。那时候，解读星象是极具政治性的行为，故而天文学是当时最重要的科学。

从托勒密、开普勒、伽利略，到牛顿，人类为正确观测、记述天体位置随时间变化而做的努力日臻完善。牛顿力学是记述天体运动的数学工具，天王星的轨道要想符合牛顿定律，那么在其外侧还应该存在别的行星才对。最终，天文学家于 1846

年发现了这颗行星，它就是太阳系中的最后一颗行星——海王星。牛顿力学彪炳史册的功绩给了人类理解宇宙、预测未来的自信。牛顿是启蒙主义当之无愧的明星。

牛顿力学并不限于描述天体运动，它真正的价值是将天体运动与地面物体的运动统一了起来。它可以相当准确地描述这二者。1814 年，皮埃尔 – 西蒙・拉普拉斯用自己的名字命名了一个恶魔“拉普拉斯妖”。他宣称，如果世界上存在一个掌握全部物体的位置与速度的“恶魔”，那么这个恶魔可以利用牛顿力学，完美地预测宇宙的未来。实际上，是否存在这样的“恶魔”无关紧要，重要的是这一观点——“宇宙的未来是注定的”。那么，这样的宇宙中就没有自由意志，这就是科学上的“决定论”。

混沌

为什么把牛顿力学归为“决定论”呢？并不是说只要有某种定律，就一定会形成某种决定论。像“进化论”这种自然法则，不会告诉我们任何未来之事，也就不是决定论了。牛顿力学的决定论性质源于其数学结构，也就是微分方程。当我们了解某一瞬间物体的位置与速度的话，就可以了解其下一步的位置与速度，这是微分方程的核心思想。想想一个可以迈出一步的机器人吧，它一步一步地重复，就可以去任何地方了。牛顿力学描述的宇宙就是这样滚滚向前的。

根据牛顿运动定律，规则可以分为线性与非线性两种。线性的规则简单，容易预测未来。一个人一次向前移动 1 米，移动 100 次，就处于 100 米远的位置。输出与输入是正比例关系，用图表画这种关系时，得到的是直线。但非线性运动则不然。非线性运动时，出现的数字是没有规律的、随机的。因此，在计算完第 100 次之前，无法得知第 100 次运动时的位置，会出现“混沌”。“混沌”就是难以预测的复杂运动。

运动第 100 次时的位置分明是注定的，却难以预测。注定的意思是，无论谁来计算，只要一步一步认真计算，就能得到同一数字，而且即便是第二天再计算，结果也不会发生变化。在这里，我们就碰到了一个非常微妙的问题：为什么结果是注定的，却又无法预测呢？我们经常用抛硬币来决定命运，因为我们不知道抛出的硬币会是正面朝上，还是反面朝上。其实，硬币抛出去的那一瞬间，结果就已经决定了。这就是牛顿力学的决定论。但为什么不知道结果呢？这明明不过是受重力影响的物体运动而已。

如前所述，定律并不一定能随时预测出结果。线性运动时，结果是可预测的，而非线性运动时，结果不可预测。即便是非线性运动，也不全是混沌。但线性运动，一定不会出现混沌。自然的运动大部分都是非线性运动。“大部分运动都是非线性的”，这种表达方式是以“线性”为中心的。就像所有的动物都是“非人”的说法，是站在“人”的立场上阐述的。

蝴蝶效应

现在回到刚才的问题。在混沌中，为什么不能预测未来？因为在混沌的客观世界中，对初始条件的微小变化反应极为敏感，其中最为人所熟知的就是“蝴蝶效应”。要想预测抛出的硬币是正面朝上还是反面朝上，就需要知道硬币在离开手的一瞬间所处的初始条件，即硬币的位置、速度和硬币倾斜的角度等。牛顿方程计算的就是从这个初始值开始，经过一步步运动，所能到达的最终结果。假若最终结果受初始条件的影响，发生了非常敏感的变化，将会怎样呢？多么敏感才算得上非常敏感呢？这里我们就需要了解什么是指数函数。指数函数就是像 2^x 这样的函数。

今天 10 元，明天 20 元，后天 40 元，如果收入像这样 2 倍递增的话，到第二个月会有多少钱呢？答案是 5,764,607,523,034,234,880 元。这就是指数函数的威力！混沌对初始条件的敏感度就像指数函数一样，初始条件即便只发生眼眵大小的改变，对结果带来的改变却像银河系那么大。反过来说就是，要想准确预测抛硬币的结果，对初始条件的了解可能必须要精确到 100 京分之一米。这就需要用到测量引力波时用的 Ligo 探测器。Ligo 是人类制造的最为精密的装置，其测量可精确至 1 毫米的 1 京分之一。1 京就是“1”后面有 16 个零。这也意味着预测是不可能的。

《蝴蝶效应》是一部关于时间旅行的电影。主人公为了创造自己想要的未来，不断穿越到过去。他希望把过去改变一点儿，从而把未来变成自己期待的样子，但情况却总是朝着难以掌控的糟糕局面发展，因为对初始条件极为敏感的客观世界，是无法预测的。

从混沌到熵

混沌表达了什么？混沌意味着，即便在简单的定律中，也包含着难以预测的复杂性。复杂性的根源并不一定复杂。即便是抛硬币，也可能会出现难以预测的复杂性。假若同时抛 100 万枚硬币，结果会如何呢？追踪这 100 万枚硬币中的一枚可能出现的结果，比追踪单独抛出的一枚硬币的结果，要复杂得多。

因为 100 万枚硬币会相互撞击，形成更为复杂的运动。我们再稍微转换一下思考的角度。虽然无法一一追踪 100 万枚硬币，但是我们可以预测硬币的“分布”。

想象同时抛出 100 万枚正面朝上的硬币，它们相互碰撞，做复杂运动，那场面一定甚为壮观！出现的结果中有一个确定的事实，那就是不管谁抛出这些硬币，大概都会出现 50 万枚正面朝上，50 万枚反面朝上的情况。事实上，不管硬币的初始条件如何，都会出现这样的结果。虽然最终出现的确切个数可能不是刚好 50 万枚，但总体一定在 50 万枚上下。数学上的误差范围不会超过 1,000 枚，即不超过全部硬币的 0.1%。不考虑误差范围，可以说预测是非常精准的。瞧，换个层级看问题，预测的可能性就截然不同了。

硬币数量越多，脱离均衡状态的比重就越小。于是，我们站在了统计物理学的领域。要想获得正面 50%，反面 50% 的统计结果，硬币之间需要相互撞击，做复杂运动。假如所有的硬币都转动两圈就停下来，那么它们都会保持初始条件。那么，统计学、概率学的预测就都是错误的。假若硬币之间相互不发生碰撞，各自做混沌运动，结果会怎样呢？虽然我们是以同样的条件抛硬币的，但不要忘记混沌具有指数函数式的敏感性。那么，各枚硬币将会以指数函数的形式拓展它们之间原本微小的差别，各自做复杂运动。那么，此时还能获得“50 : 50”的结果吗？答案是肯定的。混沌，保证了进行统计学预测的可能。

在混沌中，不论初始条件如何，硬币都会出现“50∶50”的统计学结果。既然总是这样，那么它就是一种规律。既然这一规律能预测未来，那么它就是一种正确的预测。不过该预测与牛顿力学的预测不同。是什么保证了这一预测的正确性呢？原本全部都正面朝上的硬币，经过复杂运动后，出现50%正面朝上，50%反面朝上的情况，有方程可以解释吗？现在，我们就要进入预测的新篇章了。

自然总是以最可能出现的状态进行，这就是“热力学第二定律”。该过程用定量的形式来表示，就是“熵只会增加”。“熵增加”，就意味着在统计学上是最自然的状态。在该过程中，混沌出现，有关初始条件的信息以指数函数的速度消失。所以熵是度量不确定性的尺度。达到统计状态后，有关初始条件的记忆全部消失。因为在可能性中这是最可能的状态。

牛顿给了我们一条宇宙定律，但该定律并不能确保预测的可能性。但有一个预测是清晰的，这就是熵只会增加。所以我们可以前往未来，却无法回到过去。这一点确定无疑。

有一个预测是清晰的，这就是熵只会增加。
所以我们可以前往未来，却无法回到过去。
这一点确定无疑。

【熵】

为什么昨日不会重现

时间的方向

时间为什么只朝一个方向前进？即便我们什么都不做，明天依然会到来。但无论我们做什么，昨日都不会重现。科学，理所当然应该能够解释这一自然现象。要找寻这一问题的答案，我们还要从物理学之父——牛顿开始说起。对于生活在牛顿时代的 17 世纪的人们来说，时间意味着什么呢？意味着太阳升起一天就开始了，意味着夏天长冬天短。日常生活中没有时、分这类概念，因为“午饭时见面”就已经够精准了。只有天文学家阐述地球自转或公转轨道位置时，才用得上“年、月、日、时”等概念。

牛顿提出了一个既不日常也不天文学的抽象数学概念——

“绝对时间”：时间与世界无关，是存在于宇宙某处的数字。牛顿用他提出的绝对时间阐述运动定律。从原理上来看，牛顿定律可以解释所有运动。那么，也就应该能够解释为什么时间只朝一个方向前进。但在牛顿运动定律中，时间的方向不具有意义。因为即便改变时间的方向，牛顿的运动方程依然保持不变。即，从牛顿定律中我们无法找到时间只沿一个方向流逝的原因。

这不仅仅是牛顿的运动定律才有的问题。此后发现的所有物理定律，如电磁感应定律、量子力学、相对论等，都没有探讨时间的方向性。如果时间倒转，球从左向右飞的事件就变成了球从右向左飞的事件，这在物理学中是可能的。即便倒转时间，也不会出现什么问题。但在死亡这事儿上，将时间扭转，绝不可能发生的事情就发生了。当然，这样的事情在现实中是不会发生的，客观规律也支配着构成人体的所有物质。如果时间没有方向，是不是人死还能复生？物理学家们不得不用没有时间方向性的物理定律，来阐释时间的方向性。

热力学第二定律

有一种正六面体玩具叫“魔方”，玩的时候，目的是尽量将每一个面都对成同一种颜色。颜色一旦被打乱，就很难再对起来。一个魔方，可以出现的颜色的排列组合总计有 43,252,003,274,489,856,000 种，即 4,000 京种。即便是 1 秒改变一次魔方的形态，要想完成其可能出现的所有形态，也需要 1 万亿年，这几乎是宇宙年龄的 100 倍。所以随意转动一下魔方，是不可能让它的每个面的颜色对上的。

转动魔方的过程与时间流逝是类似的，魔方转动的方向不受限制。要想逆时间转，那就可以沿着逆时针方向转。在物理定律中时间没有方向，就像魔方转动的方向不受任何限制，事实也是如此。

从每个面颜色一致的情况开始随意转动魔方，颜色很快就乱了。这种司空见惯的事，能被称为定律吗？如果能的话，那么“时间为什么只朝一个方向流逝”这一问题就迎刃而解了。把“魔方每个面颜色一致的状态”看作是“过去”，把“魔方的颜色被打乱的状态”看作是“未来”即可。随意转动魔方，只能从“过去”前往“未来”，没法儿反向变化。所以，时间只能朝一个方向流逝，这被称为“时间之箭”。有没有可能运气爆棚，魔方每个面的颜色自然就都对上了呢？换句话就是，时间有没有倒流的可能性。我们这样来想一下，准备 70 亿个魔方，世界上每人一个，他们全都随意转动魔方，出现 70 亿个魔方颜色全都对上的可能性有多大呢？微乎其微吧？而时间反向流逝的概率，比这还要低得多。

第一位以这样的方式阐述时间之箭的人，是物理学家路德维希·玻尔兹曼。但当时的学界对他的理论冷眼相加。时间只朝着一个方向前进，只是因为这样的可能性最大？！玻尔兹曼的这个定律有正确的可能性吗？从数学的角度来看，完全没有。玻尔兹曼最终用自杀结束了自己的生命，令人惋惜，他深受忧郁症之苦。据推测他的理论一直没能得到学界认可，也是导致其自杀的原因之一。不过，今天大部分物理学家都支持玻尔兹曼的这一观点，他的发现被命名为“热力学第二定律”。现在我们对“为什么时间只能朝一个方向前进”这一问题，可以从容地做出回答了，那就是——因为热力学第二定律。

熵

物理学家们感到要从数学上对热力学第二定律进行更严密的阐述。认真思考魔方的故事，会发现“所有颜色都对起来的状态（过去）”与“颜色对不起来的状态（未来）”之间的差异，在于该状态所拥有的“情况数”。所有的面颜色都对起来的情况只有一种，但颜色对不起来的情况却有无数种。你居住的房间整理得很干净的情况只有一种，乱七八糟的情况却有很多种。把一个 3 岁孩子放到房间里，每 1 分钟看一下，都会看到各种不同的乱七八糟。

从过去到未来，就是“情况数”由少变多的过程。这种“情况数”被赋予了“熵”这一奇怪的名称后，热力学第二定律就帅气地变成了“熵增加”。现在我们来列一下熵的公式。（不要害怕哦！数学不过也是一种语言而已！）

$$S=\mathrm{k}\ln W$$

这里的“W”是情况数。“k”是“玻尔兹曼常数”，它是一个基本常量，“ln”是“自然对数”，是高中数学中的特殊函数。不了解“k”和“ln”也没关系，最重要的是理解熵是“情况数”。所以，时间朝着一个方向前进，就等同于“宇宙的熵在增加”。

那么，宇宙的熵要想增加，过去的熵应该减少才对吧？我们还是用魔方来打比方，也就是说魔方的初始颜色应该完全能对起来才行。宇宙这个大魔方一开始是谁对起来的呢？如若能逆时间而上，我们就会进入熵越来越少，直到为 0 的唯一的情况。也就是说，宇宙源自一个点，这个点就是大爆炸。大爆炸拥有天文学的观测证据，也是思考熵和时间的方向时，一定会得出的结果。我们不知道为什么会有大爆炸，但如果没有大爆炸，时间就不可能向未来流动。

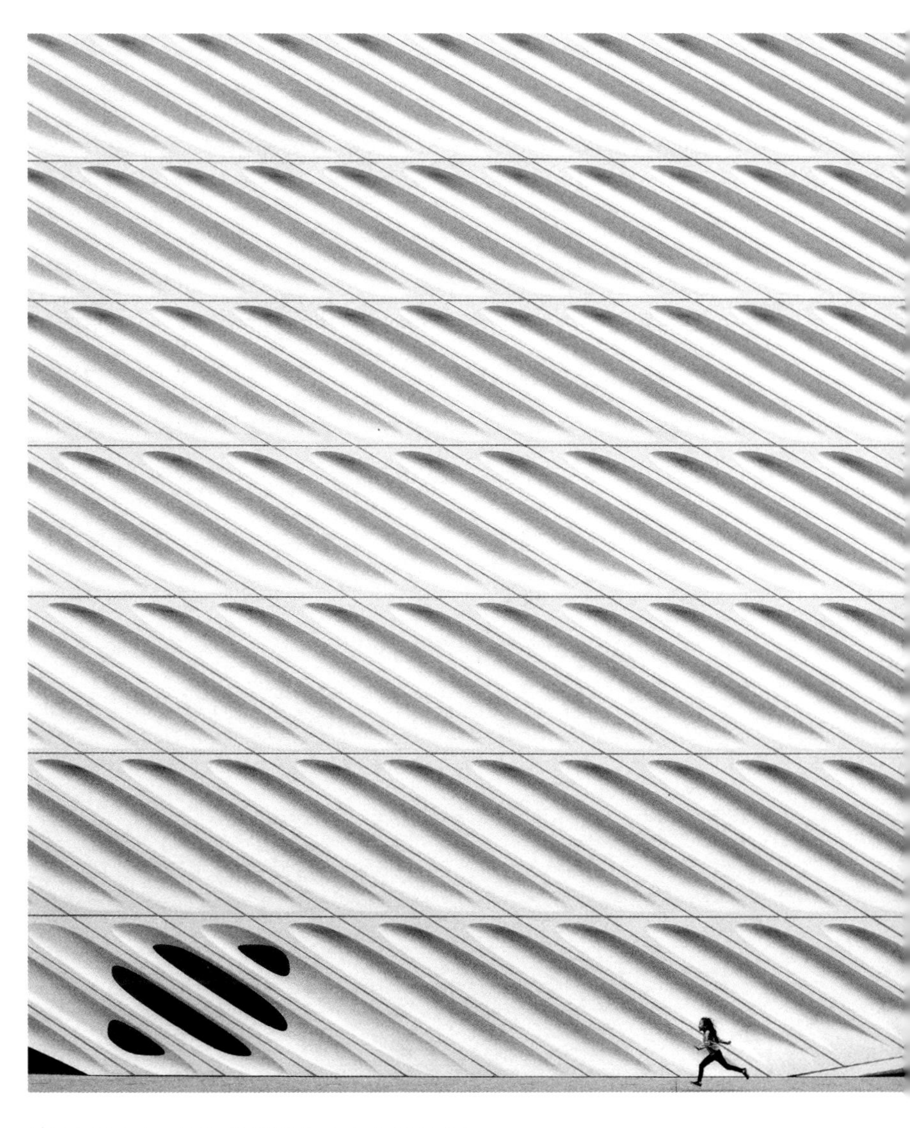

从过去到未来，就是“情况数”由少变多的过程。

我们没必要为了解释颜色变乱的魔方而设计新的物理定律。随意操作魔方，它肯定会朝着情况数多的方向发展，只要有这样一个“理所当然”的假设就足够了。热力学第二定律不是定律，胜似定律。从这个意义上，爱因斯坦曾说过，热力学定律是永远也无法被推翻的物理学定律。核心就在于，情况数更多就更容易发生。因为，“情况数多”本身就意味着会创生新的现象。研究这一领域的物理学就是“统计物理学”。

统计物理学是通过统计众多事物，来寻找新的物理现象或规律的领域。这样说来，统计物理学处理的似乎都是特殊案例，实际上，成为物理学研究对象的都是如此。

此刻这一瞬，我们就在和周围无数个空气分子相互碰撞。空气分子的运动速度比声音还快，但我们却没有意识到这种相互碰撞。空气分子对我们皮肤的平均撞击力就是“压力”，它们的平均动量就是“温度”。越往山上爬，越感到气压低，就是因为撞击我们身体的空气分子变少了。到了宇宙空间，那里几乎没有空气，压力接近零。天气冷，实际上指的是空气分子的平均速度很小。

请注意在这里反复出现了一个统计学词语——“平均”。“平均”这一统计技术之所以可行，是因为我们四周有无数的空气分子。一个小房间中大约有 10,000,000,000,000,000,000,000,000,000,000 个空气分子。这个数值相当庞大，即便写错一个“0”也没什么影响。我们所处的世界中，所有物质都是由数量庞大的原子、分子组成的。所以统计物理学是我们了解自然时必须要掌握的武器。

把一滴墨汁滴到清水中，墨汁就会不断扩散，直到整盆水都灰蒙蒙的。但原本静静放置的灰蒙蒙的水，却绝不会自动分离成一盆清水和一滴墨汁。这是因为墨汁扩散的情况数，多于集中于一处的情况数。即，墨汁扩散的过程就是熵增加的过程。统计物理学解释墨汁扩散这一自然现象时，用的是与解释魔方问题一样的方法。

如你所见，统计物理学的研究对象并不非得是客观实体，因此它的研究范围扩展到了生命现象、人类社会等领域。没有交通事故的高速公路上发生堵车的原因，因特网的必然结构，地球史上大灭绝的发生频率等，都是统计物理学研究的对象。

一个水分子由两个氢原子和一个氧原子构成。两个氢原子形成 104.5° 的角，附着在氧原子上。于是，一个水分子的形状就像一根被折弯的小棍。但当无数水分子聚集在一起时，就形成了“水”这种新的形态。我们很难从一个水分子的形状想象滔滔江水的样子，这就是所谓的“从量变到质变”。改变一下温度，水就会变成冰或水蒸气，它们是大量水分子彼此合作创造的新实体。

一个粒子在无始无终的绝对时间上运动，这里的时间没有方向。无数粒子聚集在一起，时间才开始流逝，新现象才创生出来。人类也是无数粒子聚集在一起创造出的新实体。人类还是一个苦恼于自己为什么存在的新实体。

【量子力学】

眼见为实

看见，是指什么？

“知道就是把看到的东西记住，看到就是不需要记忆就知道的东西。那么画画就是记住黑暗。”

这是奥尔罕·帕慕克的小说《我的名字叫红》中的一个段落。从量子力学的角度来看，我们画出的不是我们亲眼所见之物，因为我们无法看到其真实面貌。我们画出来的是我们认为自己看到的。

有句谚语叫“眼见为实”，为什么“眼见”才“为实”呢？这是因为视觉是人类最重要的感觉。“看见”，是指什么？我们看见眼前的智能手机，意味着什么？这意味着，首先要有光

从量子力学的角度来看，我们画出的不是我们亲眼所见之物，因为我们无法看到其真实面貌。我们画出来的是我们认为自己看到的。

照在手机上并发生反射，其次，反射的光向四方发散，其中一部分到达我们的眼睛。光透过晶状体发生弯折，在视网膜上形成手机的像。视网膜中的细胞感受到光，产生电信号并将其输送给大脑，这样我们就认为自己看到了光。我们“看到的”与“认为看到的”真的一样吗？在我们脑海中形成的像与物体是完全一样的吗？

科学的历史由“对理所当然之事物的怀疑”推动。地球真的是扁平的吗？太阳真的在转动吗？爱因斯坦的相对论就源于想知道“时间”和“长度”是什么。

让我们再回到量子力学上，量子力学的研究对象就是前面讲过的原子。原子非常小，一个句号上就足以放下 100 万个原子。我们的肉眼能看见原子吗？当然不能，不仅原子，就是比原子大得多的病毒，用肉眼也看不到。那么，在如此微小的原子内部，电子是怎样运动的？既然量子力学是解释原子的理论，那么它就应该对该问题做出回答。

物理学家们一直在为回答这一问题而奋斗，在 1925 年之前，他们穷尽所有物理理论试图揭开原子的运动，都没有成功。即便当时最成功的物理学家**尼尔斯·玻尔**①的理论，也遭到了大多数物理学家的冷眼。他的理论也该遭受冷遇，因为他认为电子可以像幽灵一样从一个场所瞬移到另一个场所。玻尔甚至还

① 尼尔斯·玻尔，1922 年荣获诺贝尔物理学奖。

认为人们有一天会抛弃“能量守恒定律”。

量子力学的诞生

就在此时，25 岁的**沃纳·海森堡**[①]如彗星一般横空出世了，他提出了一个将会改变历史的问题。这就是“我们能直接看到电子吗？如果能看到的话，电子真的可以像运动的球一样，划破空间持续飞行吗？”回顾科学史，那些如今看起来理所当然的事，曾经并非理所当然。我们分明从未见过电子，或许永远也看不见，为什么理所当然地认为它会运动呢？

海森堡提出了电子可以像球一样运动的基本观念，并尝试用可以直接感知的物理量来构建一种理论，这成为物理学上一个巨大的飞跃。

根据玻尔提出的原子理论，原子内部存在着不连续的“状态”。想想绕地球运转的人造卫星的“轨道”，你就很容易理解这一点。如果我们要改变人造卫星的轨道半径，就需要发动引擎，驱动卫星朝着更高或更低的位置移动。只要燃料充足，卫星可以移动到任何轨道上。不过，原子内部的电子只能存在于特定的轨道上。为何如此，原因不明。电子必须通过跃迁从一

① 沃纳·海森堡，1932 年诺贝尔物理学奖获得者。

个轨道移到另一个轨道。问题是电子在跃迁时，不是在轨道之间做连续移动，而是从一个轨道上消失，然后突然出现在另一个轨道上。为何如此，同样原因不明。所以，当时的物理学家们不喜欢玻尔的理论，也情有可原。

我们从原子中可以观察到，电子在跃迁时，不断吸收或放射光。要想有光存在，必须定好跃迁时的“初始状态”与“结束状态”。这就如同我们缴纳高速过路费时，必须要知道入口和出口是一样的道理。在物理中，出口和入口都被称为“能量”。也就是说，需要“初始能量”与“结束能量”。用横向代表初始能量，纵向代表结束能量，按这样的顺序将电子排列起来，就会形成二维的格子状排列，类似这样的数字排列就是数学中所说的“矩阵”。于是，海森堡宣布“原子是一种矩阵”。

古希腊哲学家毕达哥拉斯曾经说过“万物皆是数”，海森堡的说法几乎等同于“万物都是数的排列”。当时的物理学家们了解了海森堡的矩阵力学后，几乎没有人感到高兴。他们期待的其实是记录电子轨道的直观理论，而不是矩阵这样的数字排列。但矩阵力学却真正解释了原子。于是，量子力学诞生了。

海森堡矩阵力学的热潮还没有消退，**埃尔温·薛定谔**[①]就提出了波动力学。波动力学提出了记录电子波动的方程式，也就是“薛定谔方程”，如下所示。

---

① 埃尔温·薛定谔，1933年诺贝尔物理学奖获得者。

$$i\hbar \frac{\partial \psi}{\partial t} = -\frac{\hbar^2}{2m} \nabla^2 \psi + V\psi$$

不爱数学的人，看到这个公式估计会头大。不过，看一下我们周围发生着的无数自然现象吧！汽车行驶、心脏跳动、手机响了、吃饭就有力气……薛定谔方程可以解释我们周围发生的 99% 的自然现象。因为，世间万物都由原子构成，而这个方程就是用来解释原子的。

矩阵力学把原子看作一种抽象的数学结构，波动力学则认为原子的本质是一种类似于水波的波动。即便不了解具体内容，我们也能看出这两种力学的思考方式截然不同。但这两种力学理论做出的预测却是一致的！令人惊讶吧？！不过从数学上来看，这两种理论其实具有同样的结构。实际上，这两种方法也都被当今的物理学家们所使用。

“看到”与“不可知论”

前述结论，有什么物理学意义呢？矩阵力学涉及电子的不连续运动，问题是电子是如何在两个状态之间瞬间移动的？波动力学则认为电子就是波，问题是电子是有质量的粒子，电子的波动方程如何与“电子是粒子”这一显而易见的事实相吻合呢？波可以同时出现在多个场所（想想声音），但粒子在一瞬间却只可能存在于一个场所。如果说电子就是波，那么它就可以同时出现在多个地方。难道电子是幽灵吗？

揭开量子力学所有谜底的关键就是“看到”。想一想，测量时会发生什么？让我们假设光是一个台球大小的粒子，它“碰撞”了智能手机会发生什么呢？至少这粒光撞到手机后会反弹，而手机会移动。这在现实中当然是不可能的。我们没听说过哪个人被光碰到会摇晃的。不过像电子这样个头超小的家伙，被光碰撞后会怎样呢？电子会踉跄一下的，就是说电子会脱离原来的位置。我们看到碰撞了电子的光，从而了解了电子所在的位置。但这有什么用呢？电子已经不在原来的位置了！

如果电子被光触碰会发生移动，那我们就无法得知电子现在的位置。而现在这一瞬间，电子分明是存在于某个位置的。虽然我们不知道它在哪儿，但可以肯定它是存在的。古希腊哲学家**柏拉图**认为我们感知、了解的现象世界之外，存在着所有事物的根源和本质——理念。而电子的位置就像柏拉图所说的“理念”一样，绝对**不可知**却又是**可知**的，这本身就是一对矛盾。海森堡在其自传随笔《部分与全部》中曾记录过自己儿时醉心于柏拉图哲学的故事。不过，他也是在这里与柏拉图分道扬镳的。

不要谈论不知道的事。这意味着，如果测定引起了电子位置的变化，那么电子的正确位置，就无从谈起。因为这不是测不准或存在误差的问题，而在于，无论是谁，都不可能在不干扰电子的情况下知道它的位置。也不要谈论看不到的事物。在原子的世界里，研究对象的一切我们都看不到。无法得知现在的正确位置，也就无法预测将来的正确位置，这就是不可知论。那么，量子力学能预测什么呢？

电子是波，它可以像声音一样存在于各个地方。不过，你在这座建筑里说的话，在那个建筑物里听不到。这是因为“可以存在于各个地方”，并不意味着就能随心所欲。声音依据波动方程在空间里传播，电波也依据薛定谔方程在空间里扩散。**电子也是一种粒子**（二象性），测量电子的位置时，粒子性会显露出来。电子被测定后，并不仍然存在于被测定的位置，因为测定干扰了电子。那么，在电子呈现粒子性的过程中，电子的波动性去哪儿了呢？其实，当我们测定电子的位置时，会在多处发现电子。所以，电子的波动性指的是在各处发现电子的概率。

我们无法预测在特定位置发现电子的概率。日常用语中的“概率”强调的是不确定感，而量子力学中的“概率”则类似于数学中得出的精确结果。测量时，电子一个个看起来都动得很任性，但把多次测量得出的结果汇总起来，就会发现，它与薛定谔方程预测的概率呈现出惊人的一致。结合一下掷骰子游戏，就会很容易理解这一点。每次掷骰子出现的数字都像是随机的，但汇总起来就会发现，每个面出现的概率都是六分之一。从这一点上可以看出，量子力学与不可知论是有区别的。

基于这一点，波尔曾经说过，如果你不是精神错乱，是不能完美理解量子力学的。**理查德·费曼**[①]曾断言：“这个世界上，没有一个人能正确理解量子力学。”所以，读不懂也别泄气！量子力学的核心观念到这里也就介绍完了。

① 理查德·费曼，1965年荣获诺贝尔物理学奖。

【二象性】

对立即是互补

不确定性原理

“这个”就是“那个”，“那个”也是“这个”。庄子认为“这个”与“那个”的对立消失，就是“道”。对立的两个概念事实上就是一个概念，这是东方人非常熟悉的哲学。在东方智慧中，无论是阴阳调和，还是中庸思想，都不是在对立的两个概念之中寻找一个正确的，而是将两种概念相互调和起来。从逻辑上来看，对立的两个命题之间应该有一个是真，另一个为假。这样的二分法在发源于善恶概念的基督教中很常见。因此，西方人可能很难理解“将对立的两个物体看作是一个”的想法。

20 世纪初的现代物理学，特别是量子力学的发现，说不定来源于古老的东方智慧。调和相互对立的两种观念，可能更接近自然的本质。在物理学中，这种现象起初被称为“二象性（duality）”，又被称为“互补性（complementarity）”后被大家广泛接受。互补性的一个重要例证就是海森堡提出的“不确定性原理”。所谓“不确定性原理”，指的是我们无法同时得知物体的位置与动量。动量等于物体的质量乘以速度，也可以将其看成速度。位置和速度是牛顿力学中最为重要的两个物理量。该定律从根本上改变了物理学家理解自然的态度。现在，物理学家们在描述原子中的电子位置时，已经步入了主观的、概率的、不确定的世界。

很多人对量子力学与东方哲学之间的相似性非常感兴趣。西方物理学家卡普拉在《现代物理学与东方神秘主义》一书中，详细介绍了两者之间的相似性。虽然这样的相似性本身非常有意思，但其科学意义不大，因为科学需要实验证据。不过，哲学提供了思考框架。我不由想起了德国物理学家朋友说他如何难以接受“二象性”。其实我自己也有点儿难，但我并不排斥“二象性”，反而看到这个概念时，首先感到的是亲切，毕竟我是东方人嘛！

物理学家该如何将这种逻辑矛盾视为自然法则接受下来呢？我们来看看“二象性”的发现，就是从这个瞬间开始，一场推翻西方哲学之根本的科学革命开始了！

什么是“台球”的对立物呢？物理学家的回答是“声音”，这听起来像是扯淡。准确来说，物理学家的回答是“粒子”的对立物是“波”。像台球这样的粒子有质量，而像声音这样的波没有质量；我们能知道台球的确切位置，但无法说明声音的确切位置。假如台球像波一样运动，那就说明它可以同时存在于各个地方；反之，如果声音像台球一样运动，那就可以计算出声音的个数。虽然当时人们尚不明确粒子与波是不是对立物，但可以确定它们是不同的。

19 世纪的物理学研究的主要对象是电。1860 年，物理学家们建立了计算电与磁的麦克斯韦方程组，揭示了“光”不过是麦克斯韦方程组的数学解。光是电场与磁场的波动，是一种电磁波。电磁波无线通信的诞生，拉开了 20 世纪的序幕。也就在此时，物理学家们开始面对各种矛盾。光是波这一事实刚刚被证实，接着又开始出现光是粒子的证据。

第一个证据是“黑体辐射”现象。辐射就是发光，有温度的所有物体都会发光，人也会发光。但为什么我们看不见进入黑暗房间的人呢？这是因为人体能产生相当于体温的黑体辐射，也就是红外线。人类的眼睛看不到红外线。红外线也是一种电磁波。当我们戴上能感知红外线的夜视镜时，就可以看到黑暗房间中的人。太阳也发光，人类就是通过黑体辐射理论分析太阳光，从而得知太阳的表面温度高达6,000摄氏度的。

黑体辐射理论是由**马克斯·普朗克**[①]提出的。该理论需要一个奇妙的假设，即光的能量只能以特定数值倍增。如果我们把能量想象成钱，那么光的能量一定是100元、200元、300元等，而不会出现120元或145元。解释这一奇妙现象的简单方法就是把光想象成100元的硬币，也就是说光是粒子。然而，当时的人们普遍认为光是一种波。普朗克是一个较为保守的人，他不敢说光是粒子。第一个勇敢说出光是粒子的人，是当时还是专利局的小职员的**阿尔伯特·爱因斯坦**[②]。

证明光是粒子的第二个证据是“光电效应”。光照射在金属上，会发生电子迸射的现象。事实上，这是电子撞击金属发光的反向实验。当时的科学家们利用电子撞击技术产生X射线，该实验一度成为人们非常关注的话题。用X射线照射人体，可以看到人体的骨骼。最终X射线也被证明是一种电磁波。威廉·伦琴因为发现了X射线，荣获1901年的第一届诺贝尔物理学奖。将发现X射线的过程反过来，迸射出的就是电子。说到这里，也稀松平常，不过要想讲清楚X射线与迸射出的电

---

① 马克斯·普朗克，1918年诺贝尔物理学奖获得者。

② 阿尔伯特·爱因斯坦，1921年诺贝尔物理学奖获得者。

有温度的所有物体都发光。人也会发光。

子的能量的话，就需要假设光的能量像黑体辐射那样是断断续续的。

1905 年，爱因斯坦勇敢地宣称光就是粒子，而当时大部分物理学家都对此嗤之以鼻。原因很简单，因为大家都认为光是波。当光是粒子的第三个证据出现后，物理学家们才接受了光的粒子性。20 世纪 20 年代初，**康普顿**[①]进行了用光照射台球的实验，证明了光是粒子。牛顿力学可以完美阐述台球相互撞击后将会发生什么运动，而康普顿则展现了光的运动像台球一样。

这时候，物理学家们就陷入了西方科学史上最大的矛盾之中。分明是波的光，竟然拥有粒子的性质。于是，就出现了“二象性”这一术语。有趣的是，在物理学中出现“二象性”这一概念的 20 世纪 20 年代，艺术界正好出现了“超现实主义”运动。这是将人类的无意识用艺术形式表现出来的艺术运动，深受弗洛伊德心理学的影响。观察勒内·马格里特的《剽窃》，会发现该作品画的是从家里的树木内部观察到的家外面的风景。无法共存的概念的共存，可能是那个时代新兴的思考方式。

① 康普顿，荣获 1927 年诺贝尔物理学奖。

互补性

原本被当成是波的光具有粒子的性质，那么，原本被当作是“粒子”的东西，会不会具有波的性质呢？当时的物理学家们为了解原子付出了不懈的努力。原子由原子核和环绕在其周围的电子构成。**尼尔斯·玻尔**提出了解释氢原子的理论，后来，**路易·德布罗意**[①] 主张电子像波一样运动。

电子是粒子，有质量。所以当用电子射线照射时，风车会转动。世界万物都是由原子组成的。我们的身体也是由原子组成的，原子由电子和原子核组成。如果说电子是波，那么，我们的身体也可以说成是由波组成的。但物理学界毫无障碍地接受了电子是波的原因，是因为他们感受到了光的二象性。

光与电子同时具有粒子性与波动性——这两种在物理学上绝对不能共存的性质。无线通信时，光以波的形式运动，而在光电效应实验中，光以粒子的形式运动。这两个实验不能同时进行，做其中一个时，光只会呈现粒子与波两种形式中的一种。就好像是，问是男人吗，就回答是男人，问是女人吗，就回答是女人。电子也是这样。事实上，无论是质子、中子等构成物质的基本粒子，还是它们集聚在一起形成的原子，都像电子一样具有二象性。二象性好像是自然的本质。

① 路易·德布罗意，1929 年荣获诺贝尔物理学奖。

在这里，问题决定存在形式，波尔将二象性的此种特性命名为“互补性”。

印度教的经典《奥义书》中有如下段落。“那是运动，那不是运动。那很远，那又很近。那存在于所有东西之中，又存在于所有东西之外。”互补性并不主张所有的对立物同时都是正确的。成为互补性对象的是被定义好了的物理性质。互补性就像佛教诗人马鸣所说的“那样的东西不存在，也不是不存在。存在与不存在不是同时存在，存在与不存在也不是不同时存在”一般，不否定任何东西。互补性与**正反合**①的哲学不同，互补性不过是正与反共存，不是两者融合在一起，形成新的“合”。在上述实验中，对立物之中只有一个会呈现。

提出互补性观念的玻尔曾于1937年访问过中国。他看到了太极图样，感受颇深。西方虽然没有理解量子力学的思维方式，但东方有。1947年，玻尔因对物理学做出的巨大贡献，被授予丹麦贵族爵位。他在自己的贵族礼服上印上了太极图样，和拉丁语“Contraria sunt Complementa”（对立的东西是互补的）。

① 正反合，黑格尔的哲学理论。

位置和动量是物理学中最重要的有互补性的对立物。动量是物体的质量乘以速度获得的积，可以把动量看成是速度。想象我们面前放着一个智能手机，看到了智能手机，当然就知道它所在的位置。它在你手上静止，所以速度也是可知的。但要同时准确得知速度与位置，就违反了互补性。这听起来有点奇怪，别忘了互补性的研究对象是电子、原子等基本粒子，它们都非常小，我们的手指甲盖上足以放得下 1 亿个原子。根据互补性，我们很难同时得知如此小的原子的位置与速度。这就是沃纳·海森堡发现的“不确定性原理”。

如果位置和速度全都不可知，就无法准确预测物体的运动。我们可以预测出一辆从釜山出发的轿车，以每小时 100 千米的速度开了 1 小时后到达的位置。但假若我们不知道轿车的出发点，不知道它的时速，就没有办法预测其出发 1 小时后的位置。假若不确定性原理是正确的，就等于我们承认原子的未来是无法预测的。简言之，就是我们不可能预知未来。不确定性原理中的“不可知”产生的原因，不是由于试验装备或感觉器官的不确定，而是因为互补性，也就是自然的根本原理是不可知。

牛顿的物理学完美阐述了物体的运动。我们可以知道什么时候发生日食，什么时候火星最接近地球。这是 17 世纪以来，人类在物理学研究领域不断进取的结果。然而，对于原子，我们得出的结论竟然是不可知！量子力学发现的物理，即事物的道理，结果竟然是不可知论？不，量子力学是人类发现的所有科学理论中，得出的结论最为精密的一个。并且，20 世纪之后的尖端科学大部分都与量子力学有关。量子力学也像其原理一样，本身就是二象性的。

如果在月球上

一年之中有这么一天，大家都会去观赏月亮，这一天就是中秋。古代，没有很亮的人造光源，那时的夜晚比现在更像夜晚。在茫茫夜色之中，唯一明亮的就是月亮。所以月亮最亮的这一天，就具有特别的意义。人们每天都能看到月亮呈现不同的样子，而中秋的月亮分明就是暗夜之王。因为如此，满月在西方被视为不吉利的象征；而在东方，月亮与太阳一起构成了一对阴阳。到了中秋，西方人害怕地听着狼嚎，而我们东方人在准备庆典。

月亮是甜美的。德彪西的钢琴曲《月光》真实再现了平静的湖面上月光洒落的美景。这首钢琴曲算是印象主义的音乐。我们听这首曲子感受到的甜美，不在舌尖而在耳畔。韩国音乐家郑世荣的《月亮上的一天》也带给人甜美的享受，有趣的是它的曲名——现在，月亮已不是那遥不可及的发光体，而是我们能踏足的地方了。

在月亮上可以看到蓝色的地球。想象一下，在人造卫星拍摄的照片中，地球浮在月亮上空的情景吧，“地光”洒在平静的湖面上，也该美得令人窒息吧！可惜，月亮上没有湖。从月亮上看地球，有一点不同，那就是地球是静止不动的，天空也是静止不动的。月球的自转周期与绕地球转动的公转周期是一致的。所以，在地球上，我们永远只能看到月球的一面。月球公转的同时，也以同样的速度自转，所以在月球上，地球看上去就像是静止的卫星，总是在那里。

月球上的一天，也就是月球的自转周期，相当于地球上的27.3天。如果像在地球上这样每天三分之一的时间用来工作的话，在月球上就得连续工作9天才能下班。如果月球上有人住，说不定他会仰望空中那静静不动的地球，默默哀叹自己苦难的生活！月球上可没有“一个月”这样的概念，因为月球没有卫星。月球绕着地球转，同时绕着太阳转，如果在月球上观察太阳或太阳系的行星运动，你多半会头疼。地球为什么停在那个位置不动呢？如果你是天文学家，会庆幸，幸好自己生活在地球上。

如果月球上有天文学家，他们发现的宇宙论，应该会跟地球上的大不一样。地球上的古代哲学家亚里士多德，将宇宙分为地与天——两者之间的界限基本相当于地球与月亮的界限。地上的物质由水、火、土、空气四种元素构成；天上的物质则由名为“醚”的元素构成完美的球形，一刻不停地做着圆周运动。我想，月球上的天文学家，看着静静挂在空中的蓝色地球，应该会觉得天上物质的构成是多种多样的，而地上物质的构成反而很简单吧！因为那里只有尘土。他们也不会想到空中的蓝色地球会是一个近乎完美的圆球。

伽利略是第一位用望远镜观测月球的科学家。他看到了月球不是一个完美的圆球，它有着凹凸不平的表面，这证明延续了 2000 多年的亚里士多德的理论是错误的。牛顿的困惑是，为什么凹凸不平的石头星球——月亮不像地球上的其他物体一样会掉落到地面呢？对此，牛顿做出的回答令人震惊——月球确实是在不断降落的，只不过是没有掉到地球上而已。如果牛顿生活在月球上，可能就很难回答这个问题。从月球上看到的地球一直定在空中，因此月球上的科学家们很难产生“地球是在绕着月球转动吗”“怎么地球偏偏和月球以同样的周期自转”这些想法。牛顿应该感谢他生活在地球上。

地球上的我们，看着月亮会浮想联翩。月亮是不吉利的象征，也是庆典的主角。你可以在月下求婚，也可以向月下沉睡的敌人发动奇袭。有人看着月亮编出了故事，还有人看着月亮思索宇宙。从月球上看，我们赖以生存的地球也是一颗星球。

月球上的世界与我们见到的大相径庭，但也是真实的。

生活中，冲突难免，很多时候，我们会觉得自己是正确的，别人是错误的。其实，就像从地球上看到的宇宙是正确的，在月球上看到的地球也是正确的。如果觉得月球不是绕着地球转的，是因为我们身在月球上。

指向月亮，为什么看着手指？（电影《星际穿越》）

你知道电影《星际穿越》结束时，主人公库珀多少岁吗？没有答案就是这部电影最大的魅力所在。电影中出现了好几个时间。根据爱因斯坦的一般相对论，在引力作用下，时间的速度会变化。米勒行星，是宇宙探测器到达的第一站，它位于黑洞附近（黑洞是引力无限大的天体）。这里的 1 小时就是地球上的 7 年。相对论把引力理解为时空的曲率。请想象一块扁平的格纹橡胶板，当我们折叠或拉拽橡胶板时，格子之间的间隔会变大，这意味着标准长度被拉长了。从时间上来看，就意味着标准时间被拉长，即时间变慢了。

当然，1 小时与 7 年是非常大的时间差。出现这样巨大的差异，是因为米勒行星距离黑洞非常近。要知道地球海平面与珠穆朗玛峰山顶的重力之差产生的时间延迟，也不过是三万五千年分之一秒而已。但在黑洞附近的极端引力场中，行星的运行异于平常。黑洞的巨大引力致使米勒行星上发生巨型海啸。我们都知道，月球的引力使得地球上有了潮起潮落，太阳对潮汐也有影响。不过，一旦接近黑洞时，就不止海啸这么简单了，行星本身都会被撕裂呢！

黑洞成为《星际穿越》中备受瞩目的话题，也是这部电影中最具科学性的部分。一般而言，连光都不能逃离黑洞的引力，所以人们认为黑洞是看不见的。但电影中的黑洞却被刻画得绚烂辉煌。为什么会这样呢？其实，像地球或太阳一样，黑洞也是球体。黑洞吸引一切物体。被吸入的物体像在漩涡中一般，旋转着进入黑洞。它们以惊人的速度旋转，相互撞击，发出强烈的光芒，导致黑洞附近出现像土星光环一样明亮的光带。不过，黑洞周围的光会发生弯曲。从光的角度来看，黑洞周围的空间类似透镜，从前面可以看到被黑洞遮挡的后面部分的光带。因而，在黑洞周围可以看到同心圆状的光。

通过电影中出现的虫洞，我们能够实现太空旅行吗？人类制造的最快的太空飞船的速度为60,000千米/时。即便要前往除太阳之外、距离地球最近的恒星，至少也需要10万年。于是，虫洞出现了。如果引力可以折叠空间，那么空间距离非常远的两地之间就可以有捷径——用一个洞连接。不过电影中使用虫洞进行太空旅行还只是科学幻想，现在的虫洞只存在于数学中。考虑穿越一个不确定是否存在的东西，比较烧脑。即便能穿越，旅行者的身体也可能会被撕碎，时间和空间可能混杂在一起。

探险队试图通过太空旅行寻找人类可以移居的行星的努力，最终化为泡影。导演对人类生存的解读是“统一场论”和生活在五维空间的“他们”。统一场论是将相对论与量子力学理论统一起来的假想理论。物理学家们现在还不太了解这一理论，我也热切地期待统一场论能够早日完成。但我无法理解该理论如何能解决电影中的人类危机。同样，生活在五维空间的“他们”也同样难以理解。是因为四维的空间和时间无法逃离黑洞，才又引入了另一个维度吗？

对于物理学家而言，《地心引力》是一部灾难电影，而《星际穿越》是戴着相对论面具的科幻片。有如此之多的人关注相对论，都归功于这部电影。不过，有一个问题，为什么指向月亮时，我们只看着自己的手指呢？有很多人热衷于探讨《星际穿越》的科学性，而导演克里斯托弗·诺兰其实另有深意——地球不是人类的囊中之物，也不是特为人类而存在，如果地球抛弃了我们，人类就会灭绝或不得不离开，生命来去空空，宇宙亦然。《星际穿越》的真正主角不是黑洞，而是地球。电影告诉我们，人类不是地球的主人，而是租户。如果地球让我们滚蛋，我们就只能滚蛋了。

对物理学家而言，“偶然”是《虚构集》中的“巴比伦彩票”

乐透彩票是一种猜 1 ~ 45 之间的 6 个数字的游戏，中奖概率大约是八百万分之一。这与连续抛 23 次硬币，都只出现正面的概率差不多。2017 年，乐透一等奖的奖金，是税后 16 亿韩元（约合 100 万元人民币）。按概率计算，期待值不过是 200 韩元而已，而买一张彩票要花 1,000 韩元，像我这样的物理学家是绝对不会买的。

买彩票无非有两种结果，一种是白花钱，另一种是中奖。如果中奖的奖品是罚款呢？比如，中六等奖不是获得 100 万韩元，而是要缴纳 100 万韩元的罚款。这种游戏用来解解闷儿还可以，真要罚款，你会抓狂吧！一定会有很多人不交罚款吧！那就把这些人抓进监狱。如此反复，把中六等奖的人都关进监狱，就成了一个规定。不料，热衷于买彩票的人竟然更多了。处罚规定就变得越来越残酷，彩票价格上涨，买不起彩票的穷人开始示威游行，要求能让自己买彩票。最终，购买彩票成为全体国民的义务，处罚规定中竟然还包含了死刑。这真是荒唐！

这就是豪尔赫·路易斯·博尔赫斯的短篇小说《巴比伦彩票》中的内容。博尔赫斯通过还算说得通的跳跃和有逻辑的叙述，展现了这种社会形成的必然过程。彩票由“公司”这一本质不明的组织负责运营。如若把彩票结果完全看作偶然，那是小瞧了公司的能力。公司了解所有人的希望与恐惧，或者说人们相信公司有这个能力。所以，彩票结果是被完美操纵了的偶然。当然，公司的运行方式是绝密的。“公司的人（曾经）是全知全能的，（曾经）是天衣无缝的。”过去时与现在时混杂在一起的表达方式，意味着现在公司成了神一般的存在。

人们之所以相信彩票结果，是因为它被定义为“偶然”。这就是诀窍。但对我这样的物理学家而言，偶然不只是一个概念。也就是说，“偶然”不是通过“抛硬币”就能解释的。难道抛硬币的结果不是偶然的吗？是的。抛硬币不过是一种在重力条件下上抛物体的运动而已。课本上将其称为“垂直向上运动”。硬币在课本上被描述成没有大小的点，这种不像话的假设，导致许多学生不喜欢物理。不过，硬币有了大小，就可以旋转，这是到了大学才要解决的难题。

具备了“硬币的正确初始条件”“强大的电脑”“物理学研究生”等条件，得出正确结果的概率就会超过50%。如果告诉研究生结果对了才能毕业，那么得出正确结果的概率会接近99%。为什么物理学家要抛硬币呢？这当然不是因为他们搞怪，而是因为计算非常麻烦，或者因为不知道初始条件。事实上，计算的困难程度用“麻烦”来形容都远远不够，但从原理上来讲，计算又非常重要。

牛顿的运动定律是用微分方程来阐述的。微分方程的哲学很简单，它是对机械步骤的描述，是一种迈了右脚再迈左脚的运算法则。每一步都迈好，就能前往任何一个地方，准确来说，就是相邻两个视角的速度之间的关系。宇宙就是牛顿定律描述的那样，从头至尾不断延伸的长长的时间链。一切都是注定的。牛顿就这样把偶然从世界上赶走了。

“公司带着神圣的谦逊，把自己变成了秘密。”博尔赫斯在小说最后，明确揭示了公司就是“神”，拥有必然的偶然和偶然的必然。神惩罚追随者时，更是如此。犹大背叛耶稣是必然的，如若不然，耶稣就不会被钉死在十字架上，也不会复活。既然如此，犹大为什么要下地狱呢？如若一切都是必然，那么谁都没有罪。没有罪，就没有惩罚。为了惩罚，就需要“偶然”。

犹大就是偶然的选择。那么，你是不是觉得犹大只是运气不好？在小说中的巴比伦，偶然的“中奖招致惩罚”是合法的。这一彩票结果是完美操纵的必然中的偶然。当中奖却要被惩罚的规定刚出现时，人们只是很好奇，却没想到日后会变成地狱，且他们要为此埋单。这时，人们已不能谴责彩票，也无法避开彩票了。因为公司了解每个人的希望与恐惧。

实际上，公司远比这还要用心险恶。他们把“偶然”称为“自由意志”。犹大出于自由意志出卖了耶稣，不过“自由意志”不是偶然的。买彩票之前，一切都是偶然，一旦出现结果，它就变成了自由意志的选择。偶然买个彩票却被惩罚了，令人沮丧，却依然会自责——“这是自找的”。世上一切都是由神决定的必然，但中彩票是我的自由意志。

牛顿力学让巴比伦混乱了。自然法则由微分方程来描述的话，世界就没有偶然。那为什么会有自由意志呢？因为有自由意志才有罪。因为人们希望我遭受惩罚是因为彩票，而不是因为我所做的选择。因为人们希望生活在没有犯罪、不需要法律的世界上。不就是因为如此，博尔赫斯才说公司没有漏洞的吗？哲学家笛卡尔在牛顿引起的混乱中拯救了世界，他创造“灵魂”这一新的彩票。灵魂不受牛顿定律的支配，灵魂中有偶然，有自由意志。就这样，近代哲学家把罪又还给我们，复兴了地狱。

今天的我们仍然购买彩票。我们每天都感谢公司，没有让我们抽中惩罚彩票。真是幸运！所有的事情都真是太好了！斗争见了分晓。我们在与自己的斗争中获胜。我们“热爱大哥”。

第3部分

无处不在的关系

——艰难竞争的世界

【重力】

相互做落体运动

坠落

似乎有翅膀的东西才谈得上“坠落”，不过球没有翅膀，也可以坠落，人也可以坠落。阿尔贝·加缪的小说《堕落》中描写了一位曾在世俗中混得风生水起的律师克拉芒斯。他的人生就是一个慢慢坠落的过程。有一次，他目睹了一位年轻女子跳桥自杀，却旁若无人地走了过去。这件事让他的良心逐渐发生变化，并最终走向了堕落的深渊。也就是说，克拉芒斯的堕落源于一位女子的坠落。他的错误不在于积极行恶，而在于纵容作恶。加缪通过这篇小说，诉说了对恶的醒觉和反抗。

人为什么会坠落到地上？根据亚里士多德的说法，人是由土做成的，而地面是土的来源，所有物质都有回归其原来位置的属性，所以人会落到地上。那么，月球为什么不会落到地上来呢？因为宇宙分为地界与天界。石头和土属于地界，而像月球等物体属于天界，与地界物体完全不一样，它们没有重量，没有颜色和味道，永远以一定的速度绕地球转动。这是 2300 年前，古希腊的哲学家亚里士多德对物体的落体运动做出的解释。

问题源于天界。太阳从东边升起，到西边落下。天界之物大多像这样东升西落。不过也有不遵循这一规则的，人们把这类物体称为“行星”。（行星的英语单词是“planet”，词源是意为“悠游者”的“planetai”。）火星就是行星之一，它有时以完全相反的方向从西往东移动，以至于当时的天文学家认为这意味着灾难将至。为了对行星的运行做出简单解释，哥白尼提出了“地动说”。不过，当时的地动说还存在很多问题。

首先，地动说并不比天动说更正确。当时的天动说为了解释行星的运动，已经进行了相当程度的完善，不再是行星单纯地围绕地球做圆周运动，而是发展到行星围绕圆周运动的中心进行双重圆周运动，这样的圆被称为“周转圆”。已经考虑到周转圆的天动说，其计算结果比地动说的预测更为准确。而且，假若地动说是正确的，那么地球就应该转动才对，当时的人们不能理解为什么我们感受不到地球在转动。《圣经》的《约书亚》第 10 章第 12 节中出现了以色列的领导者约书亚让太阳静止的场景，只有太阳转动而地球不转时，才可能出现。这就是地动说悲剧的根源——在中世纪的欧洲，《圣经》拥有绝对权威。因此支持地动说的人，不是遭到拷问就是被处以火刑。

地动说的不足逐渐被补充完整。开普勒用令人感动的计算，证明了行星的运动轨道不是圆，而是椭圆。这一学说传播开来后，地动说变得比天动说更正确。伽利略的望远镜为证明地动说的正确性提供了决定性证据。当然，伽利略因为这一主张站在了宗教审判所里，当时的欧洲正在进行被称为“三十年战争”的最恶劣的宗教战争，他没有被处以火刑，已经是万幸了。

地动说打破了亚里士多德的落体运动理论。如果太阳是宇宙的中心，那地球为什么没有落到太阳上？如果地球也是天界之物，它会永远绕太阳运转吗？地球上的所有物体都会掉到地球底部吗？火星也像地球一样绕太阳运转，那么从火星上掉落的石头，会落到火星、地球、太阳中的哪一个上呢？要研究这些问题，还需要一个全新的理论。

月球在坠落

地动说使地球沦落为了一介行星。自此，地球上物体的落体运动再也无法与宇宙运动分开了，也就该轮到牛顿登场了。牛顿的重力理论给围绕落体运动展开的哲学争论画上了休止符。

让我们来听听他的美妙理论。

有质量的所有物体之间都有重力，都相互吸引。所以，重力也被称为“万有引力”。苹果掉到（地球的）地面上，是因为地球和苹果之间有引力在发挥作用。当然太阳和火星也吸引苹果。不过，宇宙中的所有物体作用于苹果的引力全部加起来，也不如地球对苹果的引力大。因为距离越远，引力越小。

那么，苹果会掉到地面上，为什么月亮却不会呢？地球与月球之间也有引力，因此月球也会向地球坠落。什么？月球要掉下来了？！如果把苹果像扔棒球一样水平扔出去，苹果会落下来，在空中划出一道抛物线。如果地球是扁平的，那么无论用多大的劲儿扔出苹果，最终都会掉落到地上。不过，如果苹果下落的距离和地面下落的距离一样的话，那苹果就落不到地面上了。当然，因为地球是圆的，这才有可能实现。物体的下落距离与圆圆的地球下落的距离一样的话，物体就掉不到地球上。这就是月球虽然在下落，却不会落到地球上的原因。

以上是对于落体运动既单纯、美妙又深奥的说明。所有的物体都相互吸引，所以相互做落体运动。地球朝着太阳做落体运动，却不会坠落到太阳上。人造卫星朝着地球做落体运动，却不会坠落到地球上。太阳绕着银河中心的黑洞做落体运动，却不会坠落到黑洞里。牛顿从数学上证明了前述所有情况。在该过程中，牛顿提出了 $F=ma$ 的运动定律，并为了解决这一方

所有的物体都相互吸引，所以相互做落体运动。月球也在做落体落体运动。

程，提出了微积分。

“自然和自然的规律隐没在黑暗中。

上帝说，让牛顿去吧！

于是便有了光明。”

这是诗人亚历山大·蒲柏献给牛顿的悼词，这样的赞誉并不夸张。

爱因斯坦的引力

落体运动的问题至此就完全解决了吗？并没有，牛顿的理论中有两个问题令人费解。首先，我们不知道引力是怎样在相距遥远的两个物体之间传递的，也就是说，**月球如何知道地球牵引着自己呢？**其次，引力随着距离变化而发生变化，那么**月球如何知道自己距离地球多远呢？**第二个问题的核心在于运动定律 $F=ma$ 中为什么出现了质量（m）。产生重力的质量为什么出现在了运动定律中呢？

运动定律中的质量与重力中的质量相等。所以受到重力而运动的物体，两个质量相互抵消，从运动方程式中消失。这是为什么地球上的所有物体都以同样的加速度做落体运动的原因。也是前往意大利参观比萨斜塔的人络绎不绝的原因。

回答“引力是如何传递的”这一问题时，可以从电磁现象中找到端倪。两个磁铁相互排斥或相互吸引时，它们是如何感知到对方存在的呢？这与在引力部分提出的问题是一样的。

有质量，周围就会存在引力场，就像有吐丝蛛周围就会存在蛛网一样。月球直接感受到的不是地球的存在，而是地球的引力场。质量移动，就会产生引力变化，这种变化通过引力场的振动得以传递。该振动被命名为“引力波”。2017 年的诺贝尔物理学奖，就授予了实际测量到引力波的科学家。引力波中到底是什么在振动呢？要想得到这个问题的答案，需要重新思考刚才提出的第二个问题。

牛顿的运动定律“$F=ma$”中出现了三个物理量，分别是力（F）、质量（m）与加速度（a）。根据牛顿的主张，该方程要从左到右进行解释。给物体施加力（F），就会产生加速度（a），即速度发生了变化。当施加的力相同时，物体的质量越大（m），产生的加速度越小。问题是，质量为什么要出现在这里？

地铁停车时，乘客的身体向前倾。原本静止的身体有了向前的倾向，就表示要开始运动，被加速了。但重力和电磁力都不是推动我们身体向前的力。那么，加速的根源是什么呢？我们乘坐的地铁减速，坐车的我们也随之减速。否则地铁停车后，我们身体继续运动，就会撞上地铁的通道门。地铁停车的过程中，我们感受到的速度变化是受外力的影响产生的吗？可这里没有力啊，只不过是地铁停了而已。现在，轮到爱因斯坦出场了！

被加速的人感受到根本不存在的力。这次，我们从右向左来解释牛顿的运动定律“$F=ma$”。加速度乘以质量就等于被加速的人感受到的力，这个力看起来像是由质量产生的，而实际上质量产生的力是重力。质量之所以出现在运动定律中，是因为被加速的人感觉到的力与重力相同。爱因斯坦将其称为“等效原理”。也就是说，无法区分加速与重力。

现在，爱因斯坦的狭义相对论出场了：静止之人与运动之人所处的时间和空间不同。让我们再回到地铁停车的场景，当地铁停下来时，乘客的速度也越来越慢。根据狭义相对论，有速度的人与静止的人的时空不同。速度逐渐降低时，时空也逐渐变化。也就是说在速度变化过程中，时空会发生连续变形，长度不断发生变化，像可乐罐可以弯曲一样，空间也可以弯曲。根据等效原理，加速与重力无法区分，最终，重力（即引力）改变了时间和空间。引力波就是时空弯曲变形产生的振动。

物体为什么会坠落，是像人类的文明史一样古老的问题。亚里士多德从中看到了物质的本性，牛顿看到了两个物体之间的作用力，爱因斯坦看到了时空的变形。

【电磁力】

震颤让空间连在一起

宇宙中的四种力

宇宙中存在四种力，分别是：重力、电磁力、强原子力和弱原子力。在日常生活中想感受原子力的话，就抬头看一下太阳吧！太阳之所以能发光，是因为太阳中发生着与原子力相关的核聚变反应。在核电站，也可以感受到原子力的威力。也就是说，原子力是与放射能相关的力量。

根据墨菲定律，面包掉到地上时，总是抹着果酱的一面着地。重力是与墨菲定律相关的力，准确来说，正是重力让面包掉到地上。重力作用于所有的物体，在地球上，地球的重力很大，因此其他物体的重力就显得无足轻重。我们放开手中面包的那一瞬间，面包就进入了静止状态。静止状态相当于速度为0的匀速运动。

不过，面包却开始向地面运动。按照牛顿的说法，这里一定有力存在，这个力是重力。物理就是以这样的方式来解释运动的。

用手指推橡皮，橡皮就开始移动。它是受了什么力而移动？用手指推橡皮时，没有人会担心有放射能，所以这种力不是两种原子力（强原子力、弱原子力）中的任何一种。我们推橡皮的力，也与重力无关，地球上的重力只会导致物体做落体运动。前面我们说过宇宙中只有四种力，如果不是电磁力，我们可能已经找到了第 5 种力。

其实，我们周围发生的大部分自然现象都是因为电磁力。大家现在能阅读这本书，也是因为电磁力的存在。从报纸或智能手机出发的电磁波（即光）到达了我们的眼睛，视网膜上的分子因为光发生变形，产生化学信号，化学信号变成电信号，传递到脑中，这一切都是因为电磁力的存在。甚至连我们能够认字、理解文章，也是因为大脑中的电信号，即电磁力。我们基于实用目的使用的力，都是电磁力。这就是我们周围大部分机器都用电的原因，不是因为人类喜欢电，而是因为没有其他选项。

电磁力

重力由粒子的“质量”引发，而电磁力由“电荷”引发。

想必大家都有冬天抓门把手被静电电到的经历。那一瞬间，我们能感受到电荷的存在。电荷有正（+）和负（–）两种，正负电荷的量相等，就会相互抵消而呈中性（没有电荷）。但由于不存在与质量（+）等量的负质量（–），所以质量没有办法抵消。这样，质量就永远呈正（+），重力也就无法隐藏。

力在两种粒子之间发挥作用。当粒子单独存在时，就不存在力。也就是说，力是一种相互关系。人类之间的相互关系由认识多久、三观是否一致决定。对力而言，起决定作用的是粒子之间的距离。令人惊讶的是，重力与电磁力的大小都与距离的平方呈反比。也就是说，当距离变成两倍、三倍时，力则变为原来的四分之一、九分之一。正因如此，我们就不必担心遥远的黑洞了。

如果问，重力和电磁力两者之中，哪种力更强？很多人都会回答“重力”。其实，严格来说，这一问题本身就是错的。因为比较两个不同的东西，要有限定条件才行。物质的最小单位原子可以分为原子核和电子，而电子则是无法再次拆分的基本粒子之一。电子既有质量，又有电荷，所以可以同时感受到重力和电磁力。比较两个电子之间的重力和电磁力的大小，就会发现电磁力更大。其实“更”这一副词用得并不准确。因为这时的电磁力是重力的足足4,100,000,000,000,000,000,000,000,000,000,000,000,000,000,000倍。所以研究电子时，重力会被完全忽略掉。

电磁力很强，以至于几乎看不到单独存在的电荷。因为一旦有正电荷或负电荷，它们马上就会吸引相反的电荷，总电荷量就会变为 0。电磁力深藏于物质内部，因此，历史上首先发现的是重力。我们有时也将电磁力区分为电力与磁力，而物理学中则把这两者合二为一，称为“电磁力”。实际上这二者是一体的。

法拉第场

两个电荷之间的电磁力是怎么传递的呢？如果牛顿还活着，他可能会回答：与引力一样，是通过“远程作用”。意思是，它是超越空间，一下子就传递出去的。当时大部分学者也持相同的观点。不过，电磁力的超级明星迈克尔·法拉第出现了。今天没有电我们就无法生活，发电站发出的电，大体都起源于法拉第的定律。法拉第与达尔文一起，被并称为 19 世纪最了不起的科学家。

在磁铁周围撒上铁粉，你会发现铁粉按一定的模式整齐排列了起来。指南针在地球上的运转，类似于此。每一粒铁粉都可以看作一个小小的指南针。拿着指南针从南极向北极移动，记录下指针的方向，将其连接起来，就形成了一条连接南北极的曲线。也许磁力会沿着这条曲线传递吧？法拉第称之为“磁力线”或“磁场”。磁铁周围的空间充满了磁场。从远程作用理论的角度来看，这简直是无稽之谈。法拉第是一位基本没有接受过正规教育的科学家，正因如此，已有学说对他的禁锢较少。

即便如此，法拉第的对手可是牛顿。他怎么敢反对牛顿的理论的？对此，有两个传说。一是基于法拉第的宗教信仰，他是少数教派萨德曼派的信徒，该教派的教理就是神性无处不在，即空间不可能是空荡荡的；二是据说是因为他阅读了牛顿不为人知的信件，在信中晚年的牛顿表示，所谓远程作用理论不过是傻瓜的想法，正常人都不会那么想，也就是说，连牛顿自己都对远程作用持怀疑态度。

当时，法拉第的主张并没有得到学界的认可，只有詹姆斯·麦克斯韦认同他的观点。1873 年，麦克斯韦承认了法拉第提出的场的理论，并得出了描述场的方程式。阅读麦克斯韦的论文，就会发现，他为了理解场的理论而进行的努力，令人感动又啼笑皆非。他甚至在空间中引入假想的齿轮相互咬合、转动的模型。麦克斯韦似乎也很难解释为何电荷或磁铁周围充满看不到的电场或磁场。

麦克斯韦的理论直到他去世也都只被人们当成假说，因为没有人可以通过实验证明空间中有场的存在。不过在物理学家完全理解电磁现象之前，电已经被用于工业生产了。1844 年，连接华盛顿和巴尔的摩的第一条商用电报线路架设成功，1858 年连接欧洲与美国之间的大西洋电报电缆开始施工。电缆的作用不过是将电线连接起来，使电流能通过或被切断。但架设一条横贯大西洋的电缆还有另一个层面的问题。

假若不考虑法拉第场，那么导线应该尽可能地用薄绝缘体包裹起来，外部再用结实的金属保护它。假若考虑法拉第场，则应该先用厚厚的绝缘体将导线包裹起来，以减少场的流失。由于法拉第的主张当时还不是学界普遍接受的学说，第一次铺设的电缆以惨败告终。当时虽然连接成功了，但电缆经过大西洋后，信号全部流失，几乎无法传递消息。而使用了考虑法拉第场的方法后，1866 年横贯大西洋的通信取得了成功。

我们儿时玩的打电话游戏，是通过绳子的振动传递声音。如果空间中充满电磁场，场发生振动也可以传递信息。麦克斯韦在解电磁场的振动方程时，惊奇地发现这个振动居然是“光”。“场”意外地解决了“光是什么”这一长久以来困扰人们的难题。1887 年，海因里希・赫兹用实验证明了电磁波的存在。手机无线通信技术就利用了赫兹的电磁波。

只要有电荷，周围就有看不到的电场。重力也是如此，有质量的物体周围就有重力场。电场振动，就会产生电磁波，重

宇宙之中没有空白。只要有存在物，其周围就会被场充满。只要存在物振动，周围就会形成场的波动，存在物的震颤以光速传播到宇宙的各个角落。于是，整个宇宙相互联系，窃窃私语。

力场振动，就会产生引力波。宇宙之中没有空白。只要有存在物，其周围就会被场充满。只要存在物振动，周围就会形成场的波动。存在物的震颤以光速传播到宇宙的各个角落，于是，整个宇宙相互联系，窃窃私语。

因此，力就是关系。

【麦克斯韦方程】

决定现代文明的公式

电场与磁场

1860 年，苏格兰阿伯丁大学与国王学院合并，许多重复的教授职位需要合并。与阿伯丁大学的詹姆斯·麦克斯韦竞争的是国王学院的大卫·汤姆逊。最终，不擅长政治的麦克斯韦失去了教授职位。恰在此时，附近的爱丁堡大学有一个自然哲学教授的职位，但麦克斯韦最亲密的朋友彼得·泰特击败麦克斯韦获得了该教职。突然失业的麦克斯韦非常灰心，他不得不离开家乡前往伦敦。正是在伦敦，麦克斯韦发现了彪炳科学史的方程式。今天，我们称之为“麦克斯韦方程”。

牛顿的方程“$F=ma$”广为人知，但麦克斯韦方程你可能没听过。今天，我们生活在以电磁技术为基础的文明中。麦克斯韦方程把所有的电磁现象用四个方程组整理了出来，这些方程描述了电场和磁场。

电场与磁场是迈克尔·法拉第为了解释说明电磁现象而引入的概念。磁铁周围存在着看不到的磁场。把指南针拿到磁铁附近，你会看到指针会转动，就是因为磁铁周围有磁场。同样，有“电荷”存在的地方，周围就存在电场。我们很难看到电荷，因此更难看到电场。冬天起静电的一瞬间，你可以感觉到电荷的存在，被电击的痛感就是电场带来的。

在电的历史上，起决定性作用的发现是——有电流流过的导线周围会产生磁场。**电流**一词如其字面意思，就是电荷的流动。因为电流流过导线而变成磁铁的就是“电磁铁”。实际上，靠电力运转的机器大部分都利用了该原理。发动机就是其中的一例。请想象一下，现在时针指向 12 点，我们在 3 点的位置上放上磁铁，时针就会转到 3 点。把位于 3 点处的磁铁放到 6 点上，那么原本位于 3 点的指针就会移动到 6 点。再让指针移动到 9 点……通过这种方式，钟表的指针就转动了起来。我们也可以不用磁铁，而让电流快速通过导线，当然也可以断开，电动机就是利用了电磁铁。

总结一下就是电荷产生电场，电流产生磁场。那么，磁铁的磁场是怎么产生的？直到 20 世纪量子力学被发现后，这一问题才有了答案。

麦克斯韦方程

麦克斯韦方程向我们描述的是，如果有电荷，电场是如何分布的，以及如果有电流，磁场是如何分布的。电场和磁场在空间中无处不在，因而要想正确描述电场和磁场，就必须知道它们在空间中所有点上的值。让我们在空间中虚拟地描绘一个三维网格，想象一下三维的棋盘。这样，就可以知道每个点上电场和磁场的大小了。当然，这个网格可以无限致密。

除此之外，麦克斯韦方程还包含其他有趣的内容。比如，磁场随时间变化会产生电场。也就是说，除了电荷之外，也有别的东西能产生电场。这些内容读起来好像有点难，不过想必大家在上学的时候，曾听说过“法拉第定律”。简而言之，磁铁振动周围会产生电场。什么？这么简单？！是的。一旦有电场，电荷受力就开始运动，也就产生了电流。在导线附近晃动磁铁，导线中就会有电流流动。听起来像是在变魔术，其实这就是发电站里电流形成的原理。

导线静止，磁铁晃动，或者磁铁静止，导线晃动，两者的结果是一样的。在发电厂，就是让导线在固定的磁铁内部旋转，旋转的部分被称为涡轮机。也就说，涡轮机转动，就会发电。在水力发电站，水流会像推动水车一样推动涡轮转动；在火力发电站，煤炭燃烧加热水，排出的水蒸气推动涡轮转动；在核电站，放射性物质进行核裂变，产生的热使水沸腾，水蒸气推动涡轮转动。可以说，没有法拉第定律，我们就没有电可用。

法拉第说，磁场变化会产生电场。如果你了解阴阳调和，就一定会问这样的问题：“反之亦然吗？”也就是说，电场变化也会形成磁场吗？答案是肯定的。自然好像很懂得阴阳调和。那么，我们再总结一下。有电荷或磁场变化，就会产生电场；有电流或电场变化，就会产生磁场。麦克斯韦方程不过是将这些内容用方程式表达了出来。

眼光独到的人，看到这里可能会推导出有意思的结论，那就是当磁场变化时，就会产生电场；反之，当电场变化时，就会产生磁场。那么，有没有可能电场产生磁场，产生的磁场又产生电场呢？这时没有电荷或电流，只有电场和磁场，像埃舍尔的版画《手画手》一样，相互成就，各据空间。麦克斯韦将这样的电场和磁场命名为“电磁波”。神奇的是，电磁波真的存在，这就是“光”！

电磁波

光是电磁波的一种。电磁波根据波长和频率，可分为很多种。我们按频率从低到高的顺序来了解一下。首先，在低频领

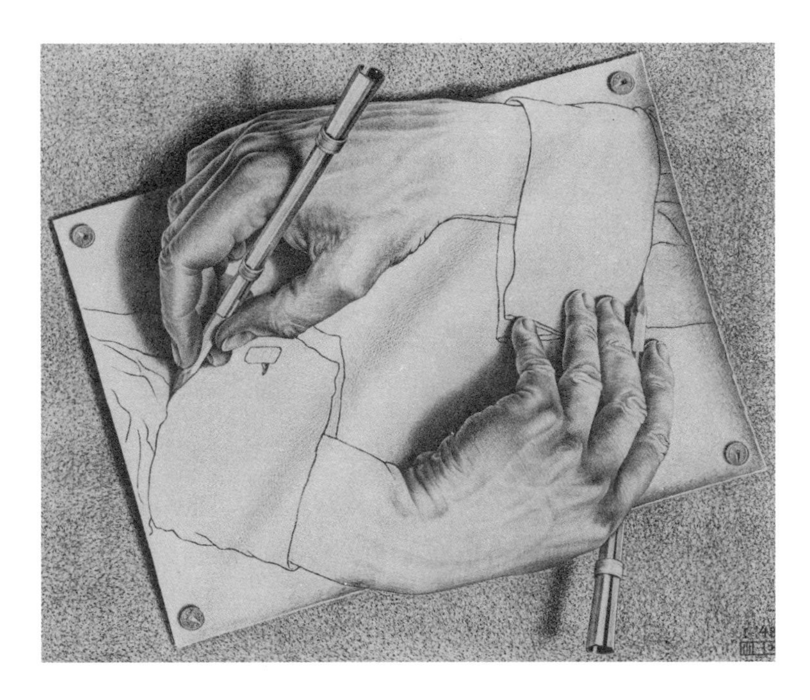

相互制造对方，并朝空间进行。

域，有我们熟悉的AM、FM等收音机电波。电视或手机使用的电波大部分也属于该领域。其次是电磁炉中使用的微波。依次还有红外线、可见光、紫外线（UV）、X射线、伽马线等。这里所说的所有射线都属于电磁波。如果没有麦克斯韦方程，我们就无从知道这些肉眼看不到的光，也就无法得知电磁波存在的事实。当然，也就不可能发明手机。

用实验证明了麦克斯韦所说的电磁波的人，是赫兹，频率的单位就是用他的名字来命名的。“89.1mHz（赫兹）KBS第二FM”中用的就是“赫兹”。赫兹的实验于1887年9月17日取得成功，科学界对此欣喜若狂。1895年8月，马可尼利用电磁波成功实现了无线通信——通过无线方式传播莫尔斯电码。1903年，无线通信成功穿越了大西洋。马可尼因为这一伟大功绩，被授予1909年的诺贝尔物理学奖。如果赫兹不是因为败血症于1894年去世的话，可能会一起获得该荣誉。1912年4月14日，泰坦尼克号就是通过无线通信的方式，传递出自己正在沉没的消息。到了20世纪20年代，收音机得到了普及，从而诞生了“广播”这一概念，无线通信的时代自此拉开帷幕。

第二次世界大战期间，电磁波拯救了英国。英国当时拥有一项新技术——雷达，该装备可以通过发射电磁波感知远处的物体。正值德国计划在攻打英国本土之前，先用轰炸机对英国进行空袭。轰炸机的主要任务是扔炸弹，其机身又大又重，如果直面敌方轻盈的战斗机，轰炸机就会束手无策，只能坐以待毙。但德国的战斗机因为燃料不足，无法将轰炸机护送到英国本土。所以，德国战斗机停止护卫返航后，就是英国战斗机攻击德国轰炸机的最佳时机。如此一来，对英国而言，最重要的就是提前了解德国战斗机的进攻路线了。英军通过雷达将德军的动向掌握得一清二楚。每次德国空军的攻击，都遭到了英国战斗机的迎头痛击，致使德国空袭英国的计划频频失败。

电器的原理

麦克斯韦方程刚出现时，电气时代还没有拉开序幕。不过到麦克斯韦发现电磁波之前，电已经被用于实际生活中了。麦克斯韦真正的功绩在于发现了电和磁的不为人知的一些事实，并将其总结为四个公式。

1844 年，商业电信开始发展，利用的是电磁铁的原理。电磁铁通电，可以吸引金属。把金属固定在与电磁铁间隔较小的位置，每有电流经过，金属就会被磁铁吸住。接通或断开电流，就可以让金属反复被吸住或掉落，因而通过开关就可以向金属传达指令。只要导线足够长，就算开关在首尔，磁铁在釜山，指令也能（以光速）传递出来。1870 年，贝尔发明了电话，爱迪生发明了留声机、灯泡和放映机等。放映机的发明催生了电影业。可以说，电决定了 20 世纪的人类文明。

在 20 世纪中期，晶体管被发明出来之前，电基本上都是以麦克斯韦方程为基础加以利用的。（要想理解晶体管，需要了解量子力学。）麦克斯韦方程探讨的是电场与磁场，因而用电就等于了控制电场与磁场。把能量以电场的形式储存起来的装置就是“蓄电池”，以磁场形式储存起来的装置则是“线圈”。

蓄电池也没什么特别之处。电场是电荷形成的，因而只要能把电荷储存起来就可以了。电荷有正（+）和负（–）两种，也就需要两个装置分别储存正负电荷。正负电荷相互吸引，储存两种电荷的装置如果距离较近，两个装置就会相互吸引。蓄电池就是两个并排对立的金属板。如果直接对立放置，装置的体积就会过大，因而人们将其做成带状，像透明胶带一样一层层卷起来。同样，线圈也没什么特别之处，由于磁场是由电流形成的，所以只要有导线就够了。把导线缠绕成弹簧状，磁场就被储存在其内部。

根据能量守恒定律，能量从电能转化为磁能，改变的只是形式。用电照明或用加热器制热，都需要将电能转化为光能或热能，起到这种作用的装置就是“电阻”。如同万物都是原子的组合一样，所有的电器，都是蓄电池、线圈和电阻的组合。电暖气就是一种电阻，镍铬合金等金属中有电流流过就会发热。

白炽灯也是电阻，电流通过钨等金属时就会发光，当然同时也会发热。所以夏天开白炽灯会热得难受。

收音机、手机等装置要想发送或接收信号，必须要能传输电磁波。前面我们已经讲过电磁波是在电场变成磁场、磁场变成电场的转换过程中产生的。所以（储存电场的）蓄电池与（储存磁场的）线圈连接在一起，就变成了信号收发器。一般线圈用 L 表示，蓄电池用 C 表示，这样的连接回路就是“LC 振荡电路”。所有手机中，都有 LC 振荡电路。这里形成的电磁振动与挂在弹簧轴上的振动，从数学上来看是一样的，都是简谐振动。

很多人只知道牛顿和爱因斯坦，不知道麦克斯韦。牛顿奠定了物理学的基础，爱因斯坦又推翻了它，麦克斯韦将现代文明打造成今天我们所见的样子。

【还原·实现】

多则不同

还原主义

仔细观察手指，会发现指纹，肉眼观察手指也就到这种程度了。用显微镜观察手指时，不仅可以看到凹凸不平的皮肤表面，还可以看到细胞。社会是人类的集合，我们的身体则是细胞的集合。再继续扩大显微镜的倍数，可以看到构成细胞的小细胞器，如细胞核、细胞质和线粒体等。用价格昂贵的电子显微镜，才能扩大到这个倍数。仔细观察细胞核内部，可以看到携带着遗传基因的 DNA。DNA 一半来源于父亲，一半来源于母亲。DNA 像球一样聚在一起，将其展开后，可以看到碳、氢等原子。从看到手指到看到原子，显微镜需要放大 100 亿倍。

现在再将原子放大，可以看到原子核和围绕在原子核周围转动的电子，再将原子核放大，可以看到质子和中子，再继续放大，可以看到夸克。到这时，就很难解释所谓“看到”指的是什么了。世界就是由这些小小的东西组合而成的。物理学家们努力寻找组成这些物质的终极单位以及描述它们的定律。

理解了夸克，就理解了由它们组成的原子核；理解了原子核与电子，就理解了原子；理解了原子，就理解了 DNA ；理解了 DNA，就理解了蛋白质；理解了由蛋白质组成的细胞器，就理解了细胞；理解了细胞，就理解了人类；理解了人类，就理解了社会……读到这里，不知道你是否同意我的看法。将对象这样一步步分解开之后，再从部分去理解整体，这种方法就是“还原主义”。

还原主义在物理学中获得了巨大的成功，最好的例证就是原子和分子。产业革命始于蒸汽机，解释蒸汽机的热力学诞生于“气体分子”这一概念。肉眼看不到的气体分子到处飞舞，敲击活塞，形成压力。温度越高，气体分子的速率越大。气体分子推动活塞，使蒸汽机车运动。所以，我们可以从肉眼看不到的气体分子的运动来解释蒸汽机车的运动。蒸汽机车是机械大规模代替人类工作的第一个代表性事例。

气体分子由原子构成。19 世纪的化学家们提出了原子是无法再分的物质的最小单位。20 世纪初，科学家们发现了原子内部其实还有更细微的结构。量子力学描述的就是原子内部的细微结构，该学说完善后，人们就理解了原子为什么拥有那样的化学特性，了解了氢为什么会爆炸、钻石为什么是坚硬的。该时期是还原主义的黄金期，有还原主义者提出化学不过是量子力学的应用而已。

酒精是人类历史上最重要的有机化合物之一。酒精是酵母菌分解糖后留下的副产品。这一在无氧状态下产生能量的过程被称为发酵，是由路易斯・巴斯德发现的。人利用氧气分解食物中所含的葡萄糖，这就是我们必须要呼吸和吃饭的原因。巴斯德认为发酵不是单纯的化学反应，而是生命固有的一种现象，他认为这种现象的存在肯定有着某种理由。这就是“生机论”。这是一种化学上无法还原的生命固有现象。

巴斯德去世后，**爱德华・比希纳**[1]证明了发酵不过是一种化学反应。研磨酵母，挤压出汁，将其完全分解后，也会发酵。发酵不是生命的固有现象，而是由酵母引发的化学反应，酵母相当于一个化学工厂。自此，生机论宣告终结，用还原主义解释生命的视角流行起来。还原主义是现代科学的尖端武器。

---

① 爱德华・比希纳，1907 年荣获诺贝尔化学奖。

更多就会导致不同

1972 年,《科学》杂志上刊登了**菲利普·安德森**[1]一篇名为“ More is different（更多就会导致不同）”的随笔。安德森可称得上是固体物理学领域的爱因斯坦。固体物理学研究的是无数原子组成的固态物质。由于固体是多样的，所以该领域的研究对象非常复杂。还原主义者们认为世界上所有的东西，都可以从组成原子核的基本粒子来理解，不过固体物理学家们对此嗤之以鼻。该随笔就是从这样的视角对还原主义进行了批判。

物理学可细分为很多领域，不同领域之间的沟通并不容易。粒子物理学探索的是构成物质的终极根源，代表着 20 世纪主流物理学走过的历程。可以说，其看待自然的视角接近于还原主义。反之，凝聚态物理学研究的是很多原子聚集形成的固体，这里的“很多”具有重要的意义。这一原本被称为“固体物理学”的领域，因为还涉及难以被归为固体的模糊不明的对象，而被称为“凝聚态物理学”。

还原主义的主张如下：原子物理学不过是粒子物理学的应用，化学不过是原子物理学的应用，生物学是化学的应用，人类可以用生物学来解释所有事物。安德森的批判并不难以理解。他认为，在理解自然方面，还原主义的观点并不总是对的。如

---

① 菲利普·安德森，1977 年诺贝尔物理学奖获得者。

果按照从粒子、原子、化学、生命、人类的层级变化，随着层级不断升高，就会出现一个此前层级不能预测的新定律的话，那单纯使用还原主义就很难解释得通。

我们的身体由原子构成。一个成人大概拥有7,000,000,000,000,000,000,000,000,000个原子，这里共计有27个“0”。构成我们身体的原子有碳、氢、氧、氮四种。量子力学完美地描述了这四种原子。不过，无论再如何分析原子，也会发现其中有少量不明物质。原子聚在一起，形成蛋白质、脂肪和碳水化合物，它们又聚在一起构成细胞，细胞聚一起构成脏器，在这一过程中，一定会发生本质变化。就像我们的肠胃由原子构成，原子的运动当然会遵循量子力学。而原子由原子核和电子组成，它们的运动会遵循粒子物理学。不过，无论是粒子物理学还是量子物理学，都无法直接解释肠胃的形成。肠胃确实由原子集合而成，但想从原子中看到肠胃的功能或性质却是不可能的。原子的量变多后，分明发生了什么变化。

说到这里，还有研究更多对象的物理领域，这就是统计物理学。统计物理学产生于前面我们讲过的解释气体分子运动的热力学。气态就是原子和分子到处飞舞的状态。气态的水和气态的铁看起来很相似，都是很多小粒子在空间飞舞，但仔细观察，会发现它们分别是水分子、铁分子。当温度降到20摄氏度以下时，水分子和铁分子就变成了其他“东西”。一种变成了液态水，另一种变成了固态铁。这种气体变成液体或固体发生“相”变化的现象，就是“相转移”。

扔出一个物体，我们大体可以预测出它会掉在什么地方。因为物体的轨道是连续的。在地球上该轨迹若以二次函数的图形出现，那么用图形将其画出，就可以预测出未来的位置。不过，如若轨迹突然中断，会发生什么呢？用晦涩的术语来说，就是会产生“不连续点”，这种情况下还能预测未来吗？根据统计物理学的理论，相转移发生的同时，物理量会变得无限大或不连续。即，无法把相转移连续地连接在一起，这就使物质从气体转变为固体时的特性变得难以预测。因为发生相转移时，就会突然出现某种新的特性。

人类历史上发生的战争，不就是一种相转移吗？相转移发生前后的状况是不一样的。也就是说，相转移前后的状况无法连续。“战争”这一相转移决定了战争之后世界的特征，我们现在生活的世界就是最近的一次战争，也就是第二次世界大战之后的结果。我们之所以都要学习英语，美国之所以成为世界上最强大的国家，朝鲜半岛之所以南北分裂等，都是相转移的结果。第二次世界大战前后的世界是不同的。

通过相转移，冰变成水，水又变成水蒸气，相转移之后的物质具有相转移之前不具有的属性。像这样在原来的结构要素中不存在的性质，出现在整体结构中的现象就是“突现”。我们很容易就能找到突现的例子。大家可以看一下自己周围正在发生的无数自然现象。树叶在树干上摇晃，汽车在行驶，咖啡在沸腾，包括人类的活动和社会现象等，由原子无法解释说明的都可以看作是“突现”。

还原 vs. 突现

与还原主义相对的是整体主义（holism）。该主义主张不能将整体分成部分来理解。突现是整体主义最强有力的武器，所以也被称为“突现主义”。还原与突现之间的争论络绎不绝。1987 年，美国围绕超导超级对撞机（SSC）展开了争论。SSC 是需要花费数十亿美元建造的粒子加速器，该项目得到了粒子物理学界的全面支持。当时，安德森参加了议会的 SSC 预算听证会，他反对建造 SSC，认为议会没有给凝聚态物理学提供足够的研究经费，而通过 SSC 得到的粒子物理学方面的结果，对生命科学而言，并不比发现 DNA 的结构更具根本性。

支持用纳税人的钱建造 SSC 的人们认为，用 SSC 研究的基本粒子理论，就是科学中最为根本的知识。还原主义者就持有这种观点，因为他们认为所有物质最终都要还原为基本粒子的运动。不过，安德森认为粒子物理学并不比凝聚态物理学和生命科学更具根本性，从突现论的立场上来看，确实如此。

史蒂文·温伯格[1]在他的著作《终极理论之梦》中批评了安德森的主张。温伯格认为把DNA当作生物学中的根本理论的主张，是生物学中的还原主义。动物学家恩斯特·麦尔致力于与“将生命的所有知识还原成DNA研究”的还原主义进行斗争。从他作为动物学家的立场来看，DNA研究之于生物学类似粒子物理研究之于物理学。DNA是位于生物学还原主义端点的物质。从还原主义的立场，以DNA为例攻击SSC，是自相矛盾的做法，突现论者安德森只是凝聚态物理领域的突现论者。安德森可能认为凝集态物理的重要模型或理论，比材料工学和化学中的无数物质的特性更有根本性吧！

温伯格是典型的还原论者。他批评反还原论者没有正确理解自己的还原论，他也许是对的。从温伯格的观点来看，安德森的DNA主张也有道理。因为与其说DNA是生命科学的根本，倒不如说生命这一现象本身才是根本。DNA可以说是还原论的超级终结者。

很多人对还原与突现之争感到迷惑。是分成各部分来理解呢？还是从整体来理解？这让我想起“先天vs.后天”之争，讨论的是人的性格、智力到底是DNA决定的，还是后天培养而

① 史蒂文·温伯格（Steven Weinberg），1979年荣获诺贝尔物理学奖。

成。人们比较了幼时成为孤儿后被不同家庭收养的同卵双胞胎长大后的行为。同卵双胞胎的遗传基因完全一样，他们在成长过程中出现的不同，显然源于不同收养家庭的生活环境。利用这一特殊案例，就可以研究环境造成的差异。此前围绕该问题的争论一直不断，最新的研究结果是先天与后天的影响各一半。我认为，还原与突现，差不多也是一半对一半。

用量子力学很难解释红细胞的特性。红细胞是由原子集聚而成的蛋白质、脂肪、碳水化合物等高分子构成的。它太大了，不适合用量子力学来解释。不过，在红细胞内，血红蛋白中的铁原子与氧原子结合，可以用量子力学来解释。也就是说，原子层面的还原主义，可以帮助我们理解红细胞。而要对由红细胞及其他诸多高分子形成的人类进行解释时，原子层面的理解就没有那么重要了。这时需要一个完全不一样的定律。比如，人类第 11 号染色体上血红蛋白的碱基序列中，只要有一个出现差错，那个人就会患上镰形细胞贫血症。而这不过是几个原子的失误造成的。

现代科学的历史展现了还原主义的威力。因为还原主义找到了我们因为肉眼看不到所以不知道的事实。从小到 0.00000000000000000000043 千米的夸克，到大到 440,000,000,000,000,000,000,000 千米的宇宙，这之间还有我们无法还原的很多层级。每个层级都有自己的语言和定律，

整体大于部分之和，但没有部分，整体也就不存在。

并与上下层级紧密结合。如若不然，所有的科学家和技术工作者就没有学习物理的必要，这就是还原主义的力量。突现越多，不同越多，越多层级不同，就越会出现新的定律。如果不想站在两个极端，就需要将这两种立场折中一下。

整体大于部分之和，但没有部分，整体也就不存在。

【凝聚态物理学】

首先要相遇

所有原子构成的整体结构

原子是怎么构成世界万物的？研究这一问题的物理学领域就是“凝聚态物理学”。原子想要结合在一起，首先要相遇。原子由原子核和环绕在其周围的电子组成，两个原子靠近时，首先相遇的是电子，也就是说，电子是结合的主角。电子在原子核周围转动，严格来说，原子是像洋葱一样层层包裹在一起的结构，在化学中用“壳层”来形容这种结构，实际参与结合的是位于“壳层”附近的电子。

电子是怎么让原子结合在一起的？根据原子的三维结构，可以做出不同的回答。物理学家们一般喜欢从简单的状况开始考虑，因为他们更想了解本质，而非细节。首先，让我们设想

原子要想结合，首先需要相遇。

原子的排布是有规律的，请想象 100 万个乒乓球井井有条叠放的画面吧！如果你问我："谁疯了，干这种事儿？"答案当然只能是"宇宙"啦！原子这样规则排布构成的物质就是"晶体"。晶莹剔透的水晶就是一种晶体。

晶体原子壳层中的电子处于一种全新状态。你可能会脑补邻近两个原子的电子怒目相向的场景，但量子力学说：非也，非也，各壳层的电子像雾气一样弥漫整个晶体。这怎么理解呢？你可以把首尔市的各区想象成原子，选出住在各区边界处的居民，允许他们乘坐直升机在首尔上空随意飞翔。这意味着这些人脱离了原有区界的限制，可以在整个首尔随意居住。电子的这种状态被称为"能带"。

简言之，"能带"是一种假想结构，由物质中的全部原子构成。因为，至少用强力胶把相邻的两个原子粘起来，不能构成晶体。而能带理论在说明物质的性质时能起到不少作用。谈到物质的特性，大家可能会想到很多，比如硬度、颜色、是否可食用等。但对物理学家而言，物质所具有的电性才是最重要的。因为让原子结合的，正是电。故而，一种物质最根本的性质，就是通电时，它会做出怎样的反应。

给物质通上电后，会发生什么呢？把物质的两端分别连到电源的正负极。原子核因为带正电，会被电源的负极吸引，而电子因为带负电，会被电源的正极吸引。别忘了，就是它们构成了物质的最小单位——原子。我们先不考虑强大的电场，想想，如果原子核和电子被分别吸引走的话，原子不就毁了？那么，接上电源的一瞬，物质也就灰飞烟灭了。有意思的是，这时候，世界上的物质有两种反应。

一种物质呢，纹丝不变。尽管原子核和电子各自被正负极吸引，但只会偏离原来的位置一点点。这种偏离非常小，几乎难以察觉。此类物质被称为“绝缘体”，塑料、树木、石头等都是绝缘体。另一种物质会让电流通过。所谓电流，就是电子的流动。构成原子的电子怎么能脱离原子，在物质内部像水一样流动呢？其实，这是金属中常见的现象，但对物理学家而言，该发现着实令人震惊。这类物质就是“导体”了，铜、铝、铁等金属都是导体。

导体与绝缘体的区分是由“能带”的特性决定的。能在导体内部随意移动的电子，不可能被束缚在个别原子中。前面提到，能带是全部原子构成的结构，那么解释为位于能带上的电子产生了电流，可以么？不可以！因为若是如此，那又为什么存在绝缘体？绝缘体中的能带上也有电子呀！这就说明能带还得有其他属性，现在我们来打个比方。

用箱子装过物品的人应该都知道，只有把物品紧实地装进箱子里，包裹才不容易破损。因为包裹晃动时，物品会在空着的地方晃来晃去。绝缘体就像是装箱紧实的包裹，连接电源就相当于晃动包裹。无论怎么晃动，“绝缘体包裹”中的物品都不会晃动，因为物品与箱子一起晃，物品相对于箱子没有移动，也就相当于绝缘体中没有电流。反之，导体是装箱松散的包裹。晃动包裹时，里面的物品晃来晃去，就相当于导体内部电子在移动了。导体的能带叫作“导带”，绝缘体的能带叫作“价带”。能带所拥有的附加属性是由量子力学决定的。

现在的我们，经常敲击电脑键盘，键盘下面的两个导体隔着一定的距离，一个连着正极，另一个连着负极。敲击键盘的瞬间，两个导体连接在了一起，电流得以通过。电流转化成信号，在屏幕上显示出正确的词语或执行我们发出的指令。电流流经的过程，就是导体内的电子在金属内部流动的过程。物质内部密密麻麻地排满了原子。能自由移动的电子叫作“自由电子”，自由电子沿着全部原子组成的结构（能带）流动，就像我们晃动包裹时，包裹内部的物体晃来晃去一样。

给导体上接上电源，就会有电流流过。增大电源电压，流经的电流也相应增大。但不同导体的这种增大率不同，该比率就是电导率。电导率越高，电就越容易通过。电导率的倒数就是“电阻”，电阻越小通过的电流就越多。空气的电阻接近于无限大，如果空气的电阻过小，那么挂在墙上的插座就会在空气中胡乱飞舞，导致电流四处游走，这样的话，估计人类就不可能产生电气文明了。过去 100 年的凝聚态物理史，其实就是人类努力理解电阻特性的历史。仅诺贝尔物理学奖的获奖者名单中，与电阻相关的研究就有晶体管（1956 年）、超导微观理论（1972 年）、超导体的隧道效应（1973 年）、无序体系电子结构（1977 年）、量子霍尔效应（1985 年和 1998 年）、高温超导材料（1987 年）、巨磁阻效应（2007 年）、石墨烯（2010 年）、拓扑相变（2016 年）等。

导体为什么会有电阻呢？导带上有电子时，才会产生电流。这就像包裹中有空隙时，晃动包裹物体才会晃来晃去。换而言之，这是一种奇怪的量子力学状态，在该状态下电子在所有原子位置上同时存在。这一状态本身保证了电子的自由。因此，带电电子理应能自由移动才对，为什么会受到阻碍呢？从电学的角度来看，电阻的存在着实令人困惑。前面介绍“能带”

的时候，有一个重要的假设，那就是组成物质的原子是规律排布的。当来自原子的干扰有规律时，电子就等于没有受到干扰，这就是量子力学中所说的“神奇结果”。也就是说，无论带电电子有没有遇阻，它们的路径和场记录都没有变化。这一部分，即便专业人士也会觉得难以理解。在量子力学的世界中，以一定间隔放置的障碍物等同于没有，这就好像，即便道路凹凸不平，量子汽车也可以一掠而过。

如果打破原子排布的规律性，会发生什么呢？例如，在铜里混入锌或镍等杂质——电阻就会产生。如果混入的物质看起来都一样，就等于没有混入杂质；如果混入的物质看起来不一样，电子的运动就会受到阻滞。当道路上的凹凸以固定间隔出现时，量子汽车没有受到任何阻碍；当凹凸间隔不一时，它就会受到阻力。另外，即便固体中没有杂质，温度越高，它的电阻就会越大。因为温度越高，就意味着构成物质的原子活动越激烈，此时，原子内部规律的排布结构受到的破坏就越大。就好像即便障碍物都长得一模一样，当它们到处乱窜时，就会产生阻力。没有杂质的纯净物，在绝对零度时，电阻会消失。

不过，在 1911 年，科学家们发现了一种奇怪的现象。在把有杂质的导体降温到绝对 0 度的过程中，当温度接近 0 度前，导体的电阻完全消失了。这一“超导”现象的原因，直到 20 世纪 50 年代才被人们找到。1986 年，科学家们发现了在超高温状况下特定物质失去电阻的现象。此前的超导理论对此完全无法解释，于是这种现象被命名为“高温超导现象”。1987 年，该现象的发现者被授予了诺贝尔物理学奖，但至今仍旧没有理论能够解释这一现象。高温超导可谓是凝聚态物理领域的圣杯。

古希腊哲学家恩培多克勒主张世界万物都是由土、空气、水和火四种物质组成的，这就是“四元素说”。恩培多克勒是一位相当卓越的学者，他发现把碗倒放在水中，碗内部会产生空间，因此推断其中有空气。恩培多克勒生活在距今遥远的古代，当时他认为世界是由基本元素组成的，这些元素相互作用，形成世间万物，这种推论在当时来看是正确的。而现在的我们，将他的想法发展得更为细致，并真正以此去理解万物。物理就是研究物质的根源，解释说明所有物质，并探求宇宙的开端与结局的理论。对我们而言，真正重要的不就是解释日常生活中的一切吗？这样来看，凝聚态物理学是真正的物理。

人工智能
（电影《机械姬》）

抹去人与机器之间的界限，就等于模糊了人与众神之间的界限。

电影《她》中出现了一位与人工智能坠入爱河的男性，《她》中的人工智能只有声音。我认为男性爱上只有声音的女性，不太可能。

电影《机械姬》中的人工智能机器人艾娃，有了人类的身体，她诱惑了男主角加利。《机械姬》把人工智能到底是不是人这一问题，与两性之间的爱情混杂在一起。人工智能接近人类意识，这一点我们在电影《攻壳机动队》中已经有所体会。在电影《她》中给人工智能配音的斯嘉丽·约翰逊，出演真人版

《攻壳机动队》的女主角，应该不是巧合。

《机械姬》的故事依旧是在讨论“与人类差不多的人工智能机器人算不算人类”？有这么一项“图灵测试”，通过与人工智能对话，来测试对方是人还是人工智能。如果不能区分，就把对方看作是人。2014年，俄罗斯研究团队打造的人工智能“尤金·古斯特曼”通过了图灵测试，一时间人们对此议论纷纷。我也曾与尤金·古斯特曼在网上进行过10分钟的对话，最初的5分钟，它足以乱真。不过当碰到有难度的问题时，它就用“不要问小孩子这样的问题”来转移话题。经过10分钟的对话后，我感到它还是有局限性，这就像一个13岁的孩子与大人进行了10分钟的对话，并不太容易。

《机械姬》中的艾娃已经超越了图灵测试的水平。在电影的大结局中，人类几乎被艾娃欺骗了。

如今人们已经承认，人工智能在众多领域都比人类更厉害，比如没有人能比计算机算得更快，也没有人能比谷歌引擎搜索得更快。但人们普遍认为，人工智能无法拥有人所具有的情感、直觉、美感等。不过，这样的讨论不过是用人类的标准对人工智能进行评判罢了。

实际上，我们所用的电脑，它的运转方式与人脑大相径庭。这里我们先需要了解一下图灵机的概念，核心内容如下：我们的所有行为都可以用语言来表达，而语言可以用恰当的文字（如字母）表示出来。各个字母都可以与数字相对应。例如 A 可以表示为“1”，B 可以表示为“2”，所有的句子都可以通过这样的方式变为数列。另外，全部数字都可以用二进制来表示，这样，我们的所有行为就都可以变成“0”或“1”的排列。0 或 1 形成的信息的基本单位被称为“比特”。

电脑进行思考或判断，就是把用 0 或 1 组成的一系列数列，转换成还是用 0 或 1 来表示的其他数列。图灵证明了所有数学运算都可以通过操作 0 或 1 的数列实现。在这里，“操作”指的是一次只读或运行 1 个比特，为此，我们需要非常严密的语法。最终，所有能用数学运算表达的行为，都可以用图灵机来处理，这就是我们今天使用的计算机的基本原理。由此，无论是因特网还是无线通信，传递的信息都是 0 和 1 的数列。比如，0 伏特电压表示为“0”，5 伏特表示为“1”。

与此不同的是，人类大脑是由神经元细胞构成的集合体。神经元负责电信号的输入与输出。数千个神经元把电信号传输给数万个其他神经元。输入的电信号累积超过一定的临界值时，就会向外输出电信号。这就是一个神经元所做的全部工作。神经元与神经元之间由神经突触连接，神经突触将电信号转换成化学信号，然后再将化学信号转换成电信号。

假设你和左右两边的人手拉手站在一起。左边的人使劲攥一下手，就意味着有信号传过来给你。当你想把该信号传递出去时，就使劲攥一下右手。这时的你就相当于神经元，你和别人拉着的手则相当于神经突触。神经元就像有数千只手的怪物，神经突触的特点是其强度可以发生变化。如果你手心的力量大的话，轻攥一下手，信号也能传递给旁边的人。如果手上没一点儿力气，无论再怎么攥，旁边的人也不会接收到信号。学习、记忆，就是改变神经突触的强度。

刚开始骑自行车时，我们每天都会关注腿部肌肉的运动。骑得多了，即便不关注自己的腿，也可以自如地骑车，这是因为与骑车相关的神经元得到了强化，这就是学习。学习结束后，即便受到小小的刺激，神经元都可以做出强烈反应，引导腿部肌肉自主运动。我们没有必要，也很难知道在学习过程中，哪一个神经突触怎样得到了强化。人工智能的原理也与此相似，学习就是改变神经网络各节点之间的结合强度。节点就相当于神经元，结合强度就相当于神经突触。阿尔法狗等人工智能，模仿的就是人脑的这一原理。

与电脑不一样的是，人脑不需要逻辑语法，通过无数次反复学习，将输入与输出结合起来即可。人类制造的神经网络拥有不亚于人脑的直觉，阿尔法狗与李世石之间的比赛已经证明了这一点。毕竟人脑也相当于一种“输入”“输出”相连接的装置。那么，这里就存在一个疑问，为什么人类拥有的意识，就是意识的绝对标准呢？阿尔法狗走出了人类用直觉不能理解的棋，但依然是它赢了。它不能感受到喜悦，就说明它的意识不如人类吗？至少在围棋这种脑力游戏中，可没有人能赢得了阿尔法狗！

再者，人类拥有的感情、美感、道德等，为什么重要呢？这些难道不是宇宙中不存在的想象物吗？艾娃背叛了加利，但对艾娃而言，道德有怎样的意义呢？这一概念可能对人类来说，才有意义。

现在我们迎来了人工智能的时代，我们不应该仅仅担心机器是否具有人类的感情，机器是否会统治我们等问题。也许，人工智能所能到达的意识可能是我们从未想象到过的，就像金鱼不可能想象相对论一样。

标准偏差决定世界的温度

在物理学中，“热”意味着什么？雨后暑气消退，从这一现象中我们发现“热”与“光”有关。但冬天太阳依然升起，就在大家看书的这一瞬间，阳光照耀着地球上的很多地方。今天早晨我们看到的太阳，在南半球的澳大利亚也一样能看到，可那里现在却是冬天。那就是说“热”不是因为阳光，而是因为接受阳光的物质。更具体地说，是因为地平面吸收阳光而变热。在大太阳下站 10 分钟，我想你立刻就会理解这句话的意思。

照射在地球上的阳光基本上是平行的。但由于地球是圆的，所以不同纬度接受阳光照射的角度是不同的，因而赤道地区炎热，极地地区寒冷。我们生活的中纬度地区，每个季节接受阳光照射的角度不同。有人错误地以为地球在夏天距离太阳更近，其实地球的公转轨道是一个几乎接近于圆的椭圆形。假如是太阳与地球之间的距离决定了季节的话，那么北半球是夏天时，南半球也应该是夏天。

夏天，赤道北边的地区逐渐变热。我们煮水时，随着水温的升高，锅里出现气泡。当热量难以通过水的对流传递时，就会通过气泡这一“特快专递”来消除温度差。发生在炎热赤道和寒冷极地附近的台风，就与此类似，因而台风通常频发于夏季行将结束时，这都与地表吸收的阳光量有关。

为什么吸收阳光就会变热呢？这就涉及“热的本质是什么？”这一问题。18 世纪的科学家们认为存在一种名为“热质”的粒子。该粒子越多，就越热，反之就越冷，听起来好像是那么回事儿。那么吸收阳光，就产生“热质”了吗？如果物体摩擦会产生热质，那么一直摩擦的物体，就应该一直产生热质，这句话怎么有悖常识呢？拉姆福德伯爵认为热的本质是运动，但这种解释还是让人觉得不那么彻底，假如热是运动，那运动的主体是谁？

在科学领域，连续问几个为什么，就会很容易走入迷宫，刚才讲的情况也是如此。运动的主体其实是“原子”。直到 20 世纪，人类才证明了原子的存在，所以在此之前，科学家们很难回答这个问题。所有的物质都是由原子构成的，石块也是。石块从高处落下，构成石块的所有原子也跟着一起运动。热如果是原子的运动，那么落下的石块也会变热吗？如果是这样，那么乘坐高铁的人应该也感到热才对，因为构成那个人的原子也在一起运动！当然，我们从自己的经验就可以知道，这根本说不通。

毋庸置疑，炽热物体的原子的运动更为激烈。但对温度有贡献的运动是“随意的”。这是什么意思呢？调查一下全国人民的年薪，我们能得到一张分布表，也就可以知道平均年薪与标准偏差。标准偏差体现了所获年薪偏离平均数有多少，即多么“随意”。我们再来想象一下坐高铁的人，构成高铁乘客身体的所有原子的速度都变快，这意味着原子速度分布的平均值变大。但决定温度的不是均值，而是标准偏差。并不是均值越大，标准偏差就越大。

有人认为，为了消除贫富差距，我们应该好好发展科学技术。的确，今天我们所享受的物质富足得益于科技的发展。但财富分配，即减少财富分布的标准偏差，则是另外一回事。正如温度取决于标准偏差，无论我们再怎样创造财富，如果不能减少标准偏差，社会就会一直处于“过热”状态。

【能量】

消失的不是物质，发生的不过是变化

能量

我们的祖先，在史前时代以狩猎和采集为生，他们一定没有意识到人与动物，生物与微生物之间的区别。所以我们的神话中，有熊变成人的故事，有树或石头摄取人的灵魂而变成妖精的故事，也有很多宗教中假设有灵魂存在。如果物理学中也有类似的东西，你会相信吗？物理学中的这种东西，就是“能量”。

在牛顿力学中，匀速运动是非常自然的，没有摩擦，物体就会一直运动下去。振荡器的振子，振幅变小并最终停下来，是因为摩擦力。如果没有摩擦，振子就会永远振动下去。运动本身就像是某种有实体、永恒存在的“东西”，地球的公转便是其中一例。渴望赋予事物特别的意义，大概是我们这种相信世上有妖精的人类的本能。物理学家赋予这种永恒的“东西”一个名字——“能量”。能量永恒不灭，这就是能量守恒定律。

匀速运动的物体具有动能，所以能保持运动。振子的运动速度时快时慢，动能也随之时多时少。能量必须守恒，所以在动能减少的过程中，动能并没有消失，而是转换成了其他形态的能量，于是“势能”就登场了！在振子速度减慢的过程中，动能转换为势能，但动能与势能的总和是一定的，即总体能量守恒。

我们可以根据牛顿的运动方程，从数学上推导出动能与势能的和是一定的。一种理解宇宙的新方法出现了，宇宙中似乎存在某种永恒不灭的物质。

能量守恒定律

因为有摩擦，运动的振子最终会静止下来。这样看来，能量守恒定律是不是被打破了？当然没有，妨碍振子运动的是空气，随着振子的运动逐渐减弱，其周边空气的温度却上升了，也就是产生了“热”——振子的能量变成了“热能”。那么，空气的温度真的上升了吗？隆冬时节只要振动振子就能加热取暖了吗？

英国科学家詹姆斯·普雷斯科特·焦耳测定了摩擦产生的热。焦耳测定的热能与振子失去的能量是一样的。其实，焦耳的实验存在一个问题，那就是他用刻度单位以 1 度的温度计来测量百分之一度的变化。如果不是因为他是精通温度调节的温度计制造厂老板的儿子，这种测定结果肯定是不能令人信服的。今天的物理学家们用“焦耳”的名字命名了能量的单位。

能量看起来像是消失了，实际上却变成了一种新能量，于是，能量家族的名录不断壮大，这是能量守恒定律扩张的典型方式。20 世纪初，“质量”也出现在能量目录中，并成为能量界的明星。“$E=mc^2$”成为人尽皆知的公式，公式左边表示的是能量，右边的“m”表示“质量”，这意味着“质量”是“能量”。最近刚刚被追加到名录上的“暗物质”，是人类为了解释宇宙加速膨胀而引入的假想的能量。

世上的各种存在中，有没有不携带能量的呢？尽管人们对“存在”的定义各有不同，不过，我还想不到有哪种是不携带能量的。

能量环环相扣的宇宙

捡一块石头，轻轻往下扔。石头做落体运动，触到地面发出“砰”的一声，停止了运动。在这个过程中，石头的动能转化成了声能和热能。那么，石头的动能源自哪里呢？当我们举起石头时，石头受重力影响势能变大，石头落下时，石头的势能就转化为了动能。那石头的势能又来源于哪里呢？它来源于我们举起石头的过程中消耗的体内能量，即我们费的劲儿，准确来说，源于我们肌肉内腺嘌呤核苷三磷酸（ATP）分解产生的能量。

形成体内的 ATP 也需要能量，这些能量是通过呼吸作用获得的。**呼吸作用其实就是氧气燃烧有机物获得能量的过程**。而有机物是通过分解摄入的食物获得的，这就是我们为什么要吃东西（有机物）和呼吸（氧气）的缘故。有机物能燃烧产生能量，是因为有机物处于高能量状态。一般来说，是植物制造了这些高能量状态的有机物。不过，植物本身其实也不创造能量，它们通过**光合作用**制造有机物。光合作用所需的能量来自阳光，也就是说，地球上所有生命体的能量都来源于太阳。

然而太阳也不创造能量。太阳中发生核聚变反应，氢原子结合形成氦，产生能量。聚集在氦中的能量比散布在氢中的能量要小。那么，氢的能量又源自何处呢？氢是在宇宙诞生（即大爆炸）时，准确来说是大爆炸起的 38 万年后，形成的。大爆炸时，宇宙的所有能量都凝聚于一点，能量就是从这些物质转

我们周围所有的能量都源于大爆炸。

化而来的。我们周围所有的能量都源于大爆炸。这是能量守恒定律告诉我们的惊人事实。

能量守恒定律的起源

能量守恒定律是怎么来的呢？之前我们提到“能量”这一概念，有可能来源于神话或信仰。历史上最早提出能量守恒定律的人是德国科学家尤利乌斯·罗伯特·冯·迈尔，他就是一位很有信仰的人，对起源于唯物论的科学有些反感，于是他提出了“能量”这一非物质的概念。不过，物理学家们对此不以为然。今天我们所了解的能量守恒定律，不过是更为普遍的“守恒定律”的产物。

数学家埃米·诺特发现了“**诺特定理**”。该定理的内容是如果存在一种对称性，那么就存在一种与其对应的守恒定律。假想有一个完美的“球”，让球转动起来时看不出有什么变化，因为此时的球具有“旋转对称性”。如果诺特定理是正确的，那么与旋转相关的某种能量就应该守恒，于是就有了“**角动量守恒**”。**角动量是物体的质量、速度、距离相乘得到的物理量**。因为角动量守恒，所以地球的转动速度是一定的。不过严格来说，月球的存在导致地球的转速会稍微有些变化。

诺特定理认为能量守恒定律源于时间的对称，空间的对称产生的则是动量守恒定律。物体从一个地方移动到另外一个地方，没有发生物理变化，就意味着在空间对称的情况下，物体的动量（质量乘以速度）不会改变。所以匀速运动的物体会一直做匀速运动。

诺特是一位女科学家，在当时受到了很多不公正的待遇。1915 年德国哥廷根大学想委托她教授一门课，但因为她是女性而遭到反对。最后，大卫·希尔伯特教授（20 世纪最伟大的数学家之一）只好以自己的名义为她开设了这门课程。在评教授资格时，诺特也因为是女性，而遭到强烈反对（在德国，成为教授之前，除了要获得博士学位之外，还需要接受“德语国家教授资格考试”的论文审查）。希尔伯特教授针对反对诺特任教的事件，曾气愤地说“这里是大学，可不是什么公共澡堂子！”

用对称性看世界

拿起一只苹果，然后慢慢松开，苹果就开始垂直下落。为什么苹果一点儿也不向旁边移动呢？这需要借助牛顿力学来说明。重力是只向下作用的力，正是它使物体加速，所以物体只产生向下的速度。现在，我们从对称性的角度来看。受重力影响，物体上下方向的对称性被打破，但侧向是对称的，对称意味着没有特别的方向，所以物体不会侧向移动。因为一旦侧向移动，物体的运动方向就有了特殊意义，这就与“没有特别的方向”相背了。物体因为无法确定运动的水平方向，或者说为了维持对称性，只能下落。用对称性看世界的牛顿力学与哲学不一样吧？！

其实，对称性原本是与物理学没什么关系的数学性质。比如左右对称或球形对称，原本都与物理定律没有直接关系。数学比物理更具普遍性，因此我们不得不怀疑对称性是不是比守恒定律更为本质。即，并不是为了解释守恒定律才需要对称性，更可能是，先有对称性才有副产品守恒定律。今天的物理学家大部分都认为对称性是更为本质的概念。

量子力学有“规范对称性”这种抽象对称性。这用语言描述比较复杂，不过在数学上，只是与复数（包含实数与虚数）相关的一种简单特性。如果量子力学有规范性对称，那么从数学上来看就必定有电磁场存在。量子力学怎么会与电磁场有关系！这个结论令人惊讶。但对称性就是这样，把两个看似完全没关系的概念联系在一起。

除规范对称性之外，在直观上或数学上还有很多对称性。令人惊讶的是，这些对称性的存在严格规定了宇宙的面貌，使物理学家们在创建新理论时，总是先考虑对称性。他们制作了必备对称性目录，据此逐条探寻物理理论。对试图将重力和量子力学统一起来的超弦理论的研究，就在按这样的方式进行。

对称性是一种几何学性质。我们喜欢对称的箱子，而不喜欢扭曲的；脸蛋儿要想漂亮，左右对称是最基本的要求；古代的建筑物富有对称之美。越对称就越简洁，比如用一个表示半径的数字就可以把球体表达出来。数学家乔治・大卫・伯克霍夫甚至想用对称程度把美进行数值化。物理学家们经常说某种理论很美，也有人认为方程式很美。他们在方程式中寻找的，到底是什么样的美呢？其实，理论之美源于它所拥有的简洁感，也就是对称性，正确的理论应当有恰当的对称性。这样的理论是美的，故而美就是真理。

【$F=ma$】

世界就是运动

物理学家看世界的方式

观察一下我们周围，你会发现有很多事正在发生，日夜更替、汽车奔驰，有人在用智能手机收发短信，也有人在交谈。要解释为什么会发生这些事，从哪里开始说起呢？这真让人有些无所适从。其实没有比这更容易回答的事了。我们只要回答一切都是因为“神”的存在就可以。可细想起来，这也不像是答案。这种回答方式不过是将“太阳升起”换成了“神让太阳升起”而已。

今天的物理学家们看世界的方式是这样的：世界是一个完全空荡荡的空间，物体就在这个空间里运动。这里有两大重要因素——物体和运动。太阳、汽车、智能手机、人等都属于“物体”，由很小的原子组成。如果把原子想象成“乐高积木”，就很容易理解这一点了——世上所有东西都是放在空荡荡的空间中的乐高积木组合。不过这样的观点，并不是理所当然就能被大众所接受的。作为物体存在和运动背景的空荡荡的空间，就是“真空”，这一概念在很长一段时间里，都遭到很多科学家和哲学家的反对。

太阳、汽车的运动，智能手机的振动都属于物体的运动，甚至人们交谈也属于运动。说话人的喉咙振动发出“声音”，声音使周围的空气振动，空气振动使听者耳蜗里的液体振动，听觉细胞感受到振动转化为电信号，电信号被传递到大脑中。而“电信号”是钠离子、钾离子跨越细胞膜运动形成的。物理学家们就是这样来理解“运动”的。

运动就是位置变化

那么，什么是“运动”呢？我们先说答案再具体解释，运动就是位置变化。没有位置变化的物体被认为在做“静止”运动。位置是空间与物体之间的关系，一般我们选择物体上的某一点，然后以此为基准来描述物体的运动。比如，描述一个人的时候，可以只选鼻尖这一点，人的运动就可以描述为该点的连续位置变化。这些连续的点连成线，这样，运动就变成了由众多的

“线”构成的抽象客体。对物理学家来说，运动就是“线”。

运动可以用数字来表示。笛卡尔曾言“我思故我在”。三维空间的位置可以用代表长、宽、高的三个数字来表示，也就是我们通常所说的“坐标”。这种方式现在看来似乎是理所当然的，其实具有革命性的意义。运动构成空间中的线，即图形；图形可用数字来表示；数字可用方程来运算。因此，运动可以用数学运算来描述。正因如此，我们在初、高中数学课上才要学习把方程与图形结合起来的函数。物理学家们通过方程理解图形，通过图形理解运动，再通过运动理解自然。

画坐标时，需要一个基准点。例如，以海云台为基准点的话，釜山火车站就位于其东 11 千米、其北 4.6 千米的点上。而以广安里为基准点的话，那么釜山火车站位于其东 2 千米处。这么一说，好像基准点是可以随意选一个的，实际上却没这么简单。“地心说”和“日心说”之争，本质上就是基准点之争。如果基准点是运动的，问题就更复杂了。此时，哪一个是运动的基准点呢？深入研究这一问题，就需要爱因斯坦的狭义相对论了。

运动定律

现在，我们知道了运动是什么。那么，有没有描述运动的定律呢？如果有，为什么会有运动定律呢？这可以在深奥的哲学中慢慢讨论。不过物理学家们的答案极为简单，那就是——他们相信有定律。你要说这是迷信，那我也无话可说。由十万多个零件组装起来的飞机，按照运动定律在天空中飞翔，没一点误差。谁要说这世上没定律，我肯定不信的！

到目前为止，物理学家们还没有掌握理解宇宙的终极定律，但也逐渐发现了越来越多的描述自然现象的定律。人们有时也会发现之前的定律有严重缺陷。不过，新的定律既可以把原有定律囊括进来，又可以扩展适用范围，所以物理学家们相信存在终极定律。当然，这种认识也伴随着很多批判。定律是表象，它不过是物理学家们共同认可的某种规则而已。

运动定律是由伽利略首次提出的，牛顿将其以定律的形式固定了下来（科学史上有关罗伯特·胡克与莱布尼茨的功劳争论，这里不再赘言）。牛顿将运动定律概括为一句话“在不受外力影响时，物体做匀速直线运动”。“不受外力影响”是指一种“除了该物体之外，没有任何其他物体”的状态。在现实中，这样的状态很难构建。不过几乎没什么东西的太空，可算是类似的环境。

从该定律，我们很自然可以得出“有其他物体的作用力时，物体不会做匀速直线运动”。这是一种假定“原因”先于“结果”的因果律。哲学家大卫·休谟就因对因果律的质疑而闻名。

他认为，假设有事件 A 和事件 B，我们可以分别感知到这两个事件，却无法直接感知包含在 A 中的 B，或包含在 B 中的 A 这类抽象概念。我们能体验的不过是事件 A 和事件 B 连续发生。严格来说，这只能说明 A 和 B 先后发生，并不意味着两者之间有必然的因果关系。

有了因果律这一假设之后，现在就剩下用数学方式来表示伽利略提出的运动定律了。牛顿完成了这项任务，得出了我们前面提过的“$F=ma$”。

无论是计算机模拟还是飞机利用导航飞行，都需要用到“积分”。积分是由叫作计算机（或电脑）的机器来处理的。计算机先把时间分成很小很小的有限数量的单位，再进行相加，这就是“数值积分法”，比如，把指定的区间等分成 100 万份，然后再进行相加。如果是人类来进行这样的计算，即便 1 秒钟能加一次，完成这项工作也足足需要十几天的时间。而电脑进行 100 万次运算，却连 1 秒钟都不需要，计算机的威力源自速度。有了积分，连机器都可以根据运动定律预测未来了。

数学用令人难以置信的精准和效率描述了自然，因此但凡数学上有问题的，都不能成为物理定律。物理学家们相信，即便遇到外星人，都可以用数学来沟通。不知道是因为宇宙真的由数学写就的，还是因为我们只能从数学的框架来理解世界，不过有一点可以确定：没有数学，就没有物理。

物理用运动来解释数学。

【简谐运动】

宇宙是震颤与回响

最重要的运动

全世界大部分物理学家都是从大学二年级开始正式学习“力学”的。大部分力学教材都始于分析一种“简单而和谐的振动”，即“简谐运动”。弹簧的运动就是简谐运动。电子钟发明之前，我们常见的摆钟的运动也是简谐运动。

圆周运动也是简谐运动。从侧面来看，做圆周运动的物体像是在做左右运动，恰似弹簧的振动。绕太阳运转的地球等天体的运动，大部分都属于简谐运动。原子的运动也是简谐运动。就像地球围绕太阳转一样，电子围绕着原子核转。瞧！构成世界的最小单位——原子的运动和庞大天体的运动，都是简谐运动。

环顾四周，我们身边的大部分物体看上去都静止不动，实际上它们都在做简谐运动。在你面前的静静站立的桌子纹丝不动，但用电子显微镜观察，就会发现它在做简谐运动。所以，科学家进行精密物理实验时，不会把实验装备直接放于桌面上，而是会采取各种措施来减小振动。现在，把你的手举起来，别动！仔细观察，你会发现手还是会轻微抖动。根据量子力学，微观世界中也没有完美的静止。所有静止都是简谐运动，简谐运动是一种非常重要的运动。

握着长绳的一端摇晃，绳子的运动可以称为“波动”。波动是简谐运动的集合。若在绳子上系一个红结的话，你就可以观察到红结在上下跳动。因此，波也可以看成是一种简谐运动。电波、光、声音都是波。除了触觉或味觉之外，我们更多地通过听觉、视觉和说话，来与世界沟通。大脑的活动也是由众多电信号振动形成的。因而，人类是通过简谐运动来沟通、认知世界的。

振动的原理

简谐运动的产生，源于物体想要回复平衡状态的属性。敲打小腿，凹下去的小腿肌肉很快就会恢复原状。拽一下小腿肌

就像地球围绕太阳转一样，电子围绕着原子核转。瞧！构成世界的最小单位——原子的运动和庞大天体的运动，都是简谐运动。

肉，一松手肌肉就又恢复了原状。在这里，发挥作用的是回复力。弹簧也是如此。当弹簧被拉伸的长度超过平衡状态的长度时，使其回归平衡状态的力就开始发挥作用了。弹簧上的物体被加速，来到平衡位置，但因加速获得的速度还在，致使物体超越平衡状态继续运动。于是回复力又开始发挥作用，物体速度减缓，直至消失。不过此时的弹簧又处于拉伸状态，使其回复平衡状态的力又开始发挥作用。该过程就这样循环往复。

因为有摩擦力，弹簧最终会停下来。被拉拽的小腿肌肉没怎么振动就直接恢复了原状，是因为摩擦力很大。我们的人生之路难道不也如此吗？虽然想要直奔目标，却总是偏向一边。我们很难一次就成功抵达自己期待的目标，于是，在反反复复地振动中，一点一点靠近目标。

简谐运动可以用“振动频率”与“振幅”两个物理量来描述。弹簧上的物体在两个端点间来回运动所需要的时间被称为“周期”，两端点之间的距离被称为“振幅”。周期的倒数就是“振动频率”，单位是赫兹（Hz）。电脑处理器中奔腾芯片的振动频率是 2.3 吉赫（GHz），意为 1 秒钟发生 23 亿次的简谐运动。电脑内部的电信号也做简谐运动。地球绕着太阳转的简谐运动周期是 365 天，振动频率为 3 亿分之一赫兹。振动频率非常重要，每个物体都有自己固有的振动频率。在简谐运动的世界中，振动频率就是“居民身份证号”。

人以“天”为周期生活，从振动的角度来看，人类的固有振动频率是 24 小时，这实际上是由于地球自转产生的振动。如果不看太阳，人类也能以 24 小时为周期生活吗？该问题等于在问“人体内部有固定振动频率的生物钟吗？”饱受时差之苦的海外旅行者，认为人体内有生物钟。1972 年，马克尔·希夫以自己的身体为研究对象进行了实验。该实验非常艰苦，人在阳光完全照射不到的地下生活，几个月内只接受人造光的照射。在 1962 年的一场类似实验中，据说有一半左右的参加者因此陷入了疯狂状态。希夫的实验结果非常惊人。最初的 5 周内，他以 26 小时为周期生活，但从第 37 天开始，他以 40 ~ 50 小时为周期生活。此后，又反复以 26 小时或 40 ~ 50 小时为周期生活。这种现象被称为“自发的内部失调”。人真是复杂的振子！

当然还有比这更复杂的振动。世界上所有的振动，不，所有的运动都可以理解成简谐运动吗？力学专业的研究生会学到“作用 – 角度（action–angle）变量”，这是一种把所有运动转换成简谐运动组合的数学魔术。让我想起刚开始学这些内容时的震惊：原来世界上所有的运动都是简谐运动啊！（不过课本结尾说，也有不适用这种理论的情况。）使用这一方法可以将复杂的问题简化，不过有时也会很意外地遭遇答案无限大的情况。

在物理学理论中，出现无限大的时候，意味着完全错了。无限大背后隐藏的是“混沌”，混沌是周期无限大的周期运动。周期无限大意为回归初始状态需要花费无限时间，也就等于无法回归初始状态。因此，周期运动这句话本身就是矛盾的，就好像我们借了钱后说过 100 年再还。

我们在大学里学的数学大部分是为了理解简谐运动，三角函数、线性代数、微分方程、波利亚分布等都是如此。拉一下振子，振子就会做简谐运动。如果把两个振子连在一起，晃动它们，会发生什么运动呢？稍微拽一下，发生的仍然是简谐运动；往高处拽一下之后再放下呢？教科书说：不要那样做，因为那里存在着“混沌”。世界上大部分物体只有进行接近静止的小振动时，做的才是“简谐运动”。如果振幅变大，基本就进入“混沌”了。

不过，简谐运动仍然很重要。地球的公转是简谐运动。但地球本身并不做简谐运动。地震竟然不是振动？！这听上去有点傻！进入 20 世纪以后，物理学界发生了一场革命，核心内容很简单，人们开始了解，原本认为在“波动”的光可以像物质一样运动。人们进一步发现，绕原子核运动的电子本身就在波动，即做简谐运动。这是第一次，人们意识到电子在绕原子核做简谐运动的同时还像波一样运动，据此产生了描述电子运动的波动方程，即产生了量子力学。原以为物体在空间中做直线运动，实际上它们像声音一样在波动。

这听起来有点不可思议，但随着证据越来越多，物质和波动的界限最终消失了。波动不是物质运动的方式之一，而是物质的本质，人们最终提出了量子场理论。在量子场理论中，波动产生了物质。但故事到这里并没有结束，致力于探求物质根本的现代物理学认为，世界可能由（小的难以想象的）弦组成，这就是超弦理论——弦的不同振动方式，制造出了不同的物质。就好像你用吉他弹“哆”时，就会出现大象，弹“咪”时，就会出现老虎。世界就是弦的振动。

宇宙是超弦组成的管弦乐队。振动产生了物质，物质振动又产生了声音。声音的振动又回到神和宇宙。最终，宇宙就是震颤。

【人类】

宇宙与人

从夸克到原子

宇宙中的所有物质都是基本粒子的组合，它们存在于时间和空间之中。构成物质的基本粒子有夸克、轻子、规范玻色子、希格斯玻色子，这都是些听起来非常奇怪的名字，但我们的身体就是由这些粒子组合而成的。夸克和轻子相当于制造物质的乐高积木，它们相互贴合、拼接，形成两种类型的玻色子——规范玻色子和希格斯玻色子。2013 年，诺贝尔物理学奖被授予了预见希格斯玻色子存在的物理学家。夸克聚合，变成中子、质子等我们熟悉的粒子。电子属于轻子。

宇宙中不同尺度的世界有不同的适用规则。在原子世界中，适用量子力学，在宏观世界中，适用经典力学。这两种力学不仅形态不一，其根本哲学也完全不同。经典力学是 17 世纪后期牛顿制定的体系。在经典力学中，随着时间推移，物体的位置发生连续变化。只要有力的存在，运动的形态就会产生变化，“$F=ma$”这一简单的方程就描述了变化。

量子力学不认可物体的位置随时间发生连续变化。在量子力学中，“物体处于什么状态”与“我们知道物体处于什么状态”是分离的。我们了解物体状态的过程就是“测量”，测量原子的位置不是确定原子已经存在的位置，而是在测量之前，原子的位置是不存在的。

从原子到宇宙

原子由电子或夸克等更小的基本粒子构成，不过从人的角度来说，原子才是构成物质的根本。我们吸入氧气，饮用一氧化二氢（水），食用碳水化合物。从某种程度上来说，世界就是原子不断分裂又不断组合的过程。原子的结合与分裂并无特别的意义，不过是按照物理规律运动。人也没有特别的意义，因为我们的身体是由原子构成的。

电磁力将原子组合在一起。在原子核外围运动负责原子所有对外业务的是电子。原子核承载了大部分的原子质量，深深植根于原子之中。钠原子和氯原子相遇，钠原子中的一个电子移动到氯原子上，由此，失去电子的钠带正电（+），获得电子的氯就带负电（–）。它们之间产生电磁引力，通过这种方式结合起来形成的固体就是盐。

两个氢原子相遇后，共用它们的外层电子，这就是“共价键”，就像两个地球相遇后，让两个月球都绕着它们转一样。构成人体的物质大部分是由共价键来连接的。构成物质的所有原子同时共用电子时，就成为导体，大部分金属都是导体。所有原子的共用电子可以在导体内部自由运动，这些电子被称为“自由电子”。如果你可以同时存在于地球上的所有地方，就意味着你可以自由移动到任何地方。

原子结合构成分子。分子很小，肉眼根本看不到。我们周围肉眼可见的大部分物质都是小分子或高分子的集合。地球上的物质大多由复杂的高分子颗粒组成。岩石或土都是铝、钠、钾等金属氧化物与硅酸盐的复合物。越深入到地球内部，铁、镁、镍等比较重的原子就越多。地球简直就是一个金属球。水星、金星、火星等与地球一样，都是岩质行星，它们在宇宙中是非主流的。太阳占据了太阳系的大部分质量，太阳是气态恒星。而太阳系中的木星、土星等巨大的行星都是气态行星。

我们生活的地球并不是由什么特殊材料构成的，和宇宙的所有其他物体一样，都不过是原子的组合而已。

我们可以从更大的框架来谈论构成宇宙的物质。不过，地球上还有很多要研究的东西。分子中的碳水化合物非常特别，因为它很容易形成复杂的长链结构，并且碳水化合物与氧结合，能"燃烧"释放能量，简而言之它非常易燃。虽然具体原因尚未可知，但距今38亿年前，在地球的某个地方，诞生了由碳水化合物构成的化学反应复合体。该复合体可以制造能量，维持自己的构造，具有复制该构造本身形态的能力。这，就是生命!

地球上的生命体将氧气与碳水化合物——葡萄糖结合了起来，通过燃烧产生热量。用更学术的话来说，就是"使葡萄糖氧化"。氧化的副产品是二氧化碳。人的呼吸就是这样一个过程，所以我们吸入氧气，排出二氧化碳。如果不呼吸，我们就无法获得能量，也就无法存活。

人和动物不能合成葡萄糖，只有植物可以。植物通过光合作用这一化学过程，分解二氧化碳，制造葡萄糖。光合作用是支撑地球上所有生命的化学反应。葡萄糖与氧结合会制造能量。反之，根据能量守恒定律，制造葡萄糖时需要吸收能量。其实，能量不是植物创造的，而是来源于太阳。准确来说，植物利用阳光分解水后得到氢，并把副产品氧气排放出来。也就是说，动物从植物那里获得葡萄糖与氧气。

虽然，这样的化学反应体系非常奇妙，但每个过程都可以从物理学的角度加以解释。这样的体系一旦在自然界中形成，就能自动维持自身的运转。不过随着时间流逝，体系可能会出现错误，产生结构性缺陷，从而导致进程中断，也就意味着死亡。我们尚未清楚这样的化学反应体系为什么要维持自身的结构，不过维持结构的最好办法莫过于无限进行自我复制。这就需要将自己的结构信息储存在某个地方，并利用该信息复制结构。

在地球上的生命体中，存储信息的就是基因。基因当然也是由原子构成的。令人惊讶的是，地球上几乎所有的生命体都以相同的方式在相同的结构中储存信息。考虑到生命的多样性，这绝非偶然。各种生命体应该是由同一个生命体分化而来。从物理学家的视角来看，进化并不令人惊讶。如果一台分子机器既能制造能量又能维持自己的结构，当它还能自我复制时，进化就成了必然。即便不借助理查德·道金斯的“模因”，也很容易就能制造出能自我进化的电脑病毒和人工智能。地球上最早出现的生命体，历经无数次的进化，最终有了人类。

生命是各种化学反应的集合体，生存与复制都不过是化学反应。这样的化学反应是如何聚集到一起的，至今还是未解之谜。不过，每一种化学反应都不过是原子的日常结合与分裂而已。

到目前为止，我们已经考察了从基本粒子，到分子、人，再到太阳、银河系等构成宇宙的所有存在与事件。那么，物理学到底想告诉我们什么呢？用一句话概括就是：物理揭示了宇宙是没有意义的。宇宙根据规律运转，虽然意想不到的复杂性可能会对运动产生影响，但宇宙没有任何意图或目的。生命体不过是精巧的分子化学机器。初期被赋予什么样的条件，是偶然的。一天 24 小时与一年 365 天，也都是偶然。

地球绕着太阳转，既不值得高兴，也不值得悲伤，只是根据运动规律毫无意义地运转而已。地球上的物体以每秒 4.9 米的速度自由落体，是幸福的吗？ 4.9 这一数字有什么意义呢？不是 4.9 而是 5.9 的话，就更正义吗？人类作为进化的产物出现，有什么目的吗？恐龙灭绝有什么意义吗？进化没有目的和意义！目的和意义是人类想象的产物，宇宙本身并没有那种意图。

但人赋予原本没有意义的宇宙以意义，并生活在其中。虽然所谓的“意义”只是想象的产物，但人就这样生活着。虽然我们不知道什么是幸福，但我们努力想过上幸福的生活。人类在自己想象的体系中，享受着自己打造的幸福，让没有意义的宇宙变得更幸福。所以人比宇宙更令人惊叹！

地球绕着太阳转，既不值得高兴，也不值得悲伤，只是根据运动规律毫无意义地运转而已。目的和意义是人类想象的产物。所以人比宇宙更令人惊叹！

智人创造了想象的秩序
（《人类简史》）

科学不仅是知识，也是我们看待世界的态度或思考世界的方法。科学的态度就是基于没有先入之见的、客观的、可以再现的物质证据下结论。从这一立场来看，《人类简史》[①]虽然是人文学者写的书籍，却是一本不错的科普书。

从宇宙的诞生，也就是从大爆炸开始叙述历史的方式，被称为“大历史”。大历史的叙述一般从恒星与元素的诞生开始，到太阳系与地球，再到生命的诞生与进化，最后到人。相对于大历史来说，从人类的诞生开始写起的这本书，探讨的是相当小的范畴。不过本书中沿用了大历史的精神，其中没有埃及艳后克莉奥帕特拉的无敌舰队、雅尔塔会议等内容。故而，它不

① 《人类简史》，以色列作家尤瓦尔·赫拉利的作品。

像是从人类的视角，而像是从外星生命的视角，来讲述智人的历史、特征与未来。

《人类简史》中看待历史的新鲜观点给我们读者带来不少冲击。农业似乎对我们意义重大，无论是鲁滨逊，还是电影《火星救援》中的马克·沃特尼在火星独自生存时，都执着于农业生产。其实，农业革命不过是一个巨大的陷阱。那时还没有现在这些改良的农作物，农业技术也非常落后。在农业革命初期，农民们的生活并不比狩猎采集者更好。农业还带来了艰苦的劳动、阶级与剥削，还有疾病。那么，智人为什么还是选择了农业呢？赫拉利认为，不是我们选择了农业，而是农业（农作物）选择了我们。该主张目前还无法从科学的角度判断正误，不过要揭开农业起源之谜，也没有更好的方法了。

智人创造了想象的秩序，并拥有相信秩序的能力。赫拉利认为这是智人的重要特征之一。怎么理解呢？如果我问你，“三星电子”是实际存在的吗？别以为我在胡诌。三星电子制造的产品，显然不是“三星电子”。那么，三星电子的员工是“三星电子”吗？当然不是，因为假若现在的员工全都消失了，换一批人来当员工，三星电子依然是存在的。细究起来，“三星电子”不过是一个虚构的概念而已，它不是人，而是拥有人的法律权利的想象物，也就是法人。人类社会由这些假想的概念来支撑。货币、贸易、社会制度、道德等自不必多言，甚至我们赋予了至高至纯价值的“自由、平等、进步”等理念也是想象的产物。这解释了我们为什么会相信进化和宗教，这也解释了为什么一个国家的经济会依靠“信用”这一没有实体的概念。

赫拉利的创新视角还包括如下内容：人类历史的终点是科学革命，赫拉利认为科学与帝国主义、资本主义有着密不可分的关系。对近代欧洲人来说，帝国建设是科学课题，科学家们为此提供实用知识、意识形态上的正当化和技术设备。资本主义建立在被称为“发展”的想象之上，实现发展的工具就是科学。《人类简史》的结尾部分给读者一种“没有给出相关证据而是作者的主观解读”之感，不过内容仍然很有趣。

读到《人类简史》的最后，我们遇到了“幸福是什么”这个哲学问题。赫拉以生物学与社会科学为利器解剖历史，但理解人类的最重要的框架多少有些陷入“相信想象的能力”这一观念中。他的故事最终以讨论幸福结尾，是否也是因为这一原因呢？赫拉利警告人类已经走在最大的歧路上，因为人类拥有了毁灭世界的力量。解决人类面临的问题，到底是用人文学还是用科学，其实无所谓。《人类简史》带给我们的冲击与信息，更加珍贵。

用人类的力量了解宇宙的真理
(《叩响天堂之门》)

在粒子物理领域里，高品质的科普书云集，话题涉及一般相对论、弦理论、平行宇宙、神的粒子等人类顶级科学领域的畅销书也有很多。史蒂芬·霍金的《时间简史》与布赖恩·格林的《宇宙的琴弦》[①]、《宇宙的结构》，加来道雄的《平行宇宙》与《人类的未来》都属于该类型。如果再加上一位作者的话，我认为还可以加上丽莎·兰道尔。

兰道尔是以难著称的粒子物理学领域非常少见的女性科学家，也是一位天才物理学家，提出了以她自己名字命名的“兰道尔－桑卓姆模型”。她的专著《弯曲的旅行》以卓越的笔致令人瞩目。

① 《宇宙的琴弦》，又译为《优雅的宇宙》——译者注

《叩响天堂之门》一书的书名源于马太福音一节，“拯救吧，将会赐予你们”。这句话包含着这样的含义：人类的知识探索是为了神，没有神的帮助，就难以实现知识探索。兰道尔反用了这句话，她好像要告诉世人“宇宙的真理本身就是目的，通过人类的力量可以了解它”。所以兰道尔在该书中讲述了很多有关科学本身的故事，包含了尺度问题、科学的不确定性、科学理论之美、科学与宗教等。

不同的“尺度”，有不同的描述方式。科学家们所说的“了解什么”，只意味着他们“在一定范围的距离或能量领域”有一些好的想法或运行理论。也就是说，粒子物理学家们不懂原子物理学，原子物理学家们不懂生物学。兰道尔试图通过“尺度”这一概念，消除对科学的常见误解，诸如“量子力学说明经典力学是错的”之类。其实，经典力学的定律仍作用于宏观世界，不过将这些定律用于描述其他尺度，如原子、分子等领域时，就会发生问题。因为这里需要的是量子力学。

科学家们会明确区分自己懂的领域与不懂的领域。承认自己不懂才是科学存在的特别理由。甚至，科学家们连自己懂的东西，都不能清楚地回答“是 / 不是”。这种态度会让一般人觉得科学是不确定的。但科学是处理“不确定性和概率”获得“确定性”的方法。量子力学虽然有不确定性原理，但比人类的任何一个科学理论做出的预测都更精准。

《叩响天堂之门》也像其他书一样，对物理学的历史、重要的物理概念以及 LHC 物理学都做了深入的探讨。特别是有关 LHC– 黑洞的内容非常有趣。长达 27 千米的大型强子对撞机 LHC 首次开始运转时，人们甚至担心 LHC 内部是否会产生黑洞。这本书详细对其进行了物理学的说明，并记录了后续内容。

但让我印象深刻的，是作者对待科学那求真又理性的态度。她的唯物主义世界观，对宗教与科学的对立性、科学的确定性和不确定性等内容的描述，让科学家们忍不住拍案叫好："这就是我想说的呀！"她探讨科学理论之美的故事本身就很美，而对宗教与科学的悠长讨论也趣味盎然。理查德 · 道金斯曾言："谢天谢地，丽莎 · 兰道尔是与我们同路的！"由此，该书的内容可见一斑。

无须多言，这是了解当今最高水平的科学家们的思维深度的好机会。

附录

从知识到态度

——生活在不透明世界中的科学家

科学是什么？哲学是科学吗？科学是宗教的一种吗？不是科学家的人，为什么要研究科学呢？在回答这些问题之前，我们先来看看一名科学家在生活中会碰到哪些场景。

场景 1

晶体管是电脑最核心的零件。晶体管越小，电脑的性能就越好。顶级的晶体管是由物质的最小单位——原子，构成的分子晶体管。2000 年，贝尔实验室的年轻人舍恩在《科学》杂志上发表了一篇关于分子晶体管的论文。在此后两年时间里，仅在《科学》《自然》两本杂志上，舍恩就发表了 15 篇论文。他成为纳米时代的明星，照此势头发展，他势必会获得诺贝尔奖。舍恩出生于 20 世纪 70 年代，当时不过二十多岁。

但他的实验没能被成功复制，于是引起了其他物理学家们的怀疑。柏林大学的利亚德·逊教授发现，舍恩多篇小论文中噪声部分的数据都是一样的。这就类似于环游世界拍到的照片里，出现的建筑物却总是同一座。后来科学界成立了调查委员会，最终发现舍恩的论文是伪造的。舍恩辩解自己没有保管实验笔记，因为硬盘空间不够原始数据也全都删除了，并且他的实验样品全部损坏。他伪造数据给了科学界沉重一击。此后，主要的期刊和学会都加强了学术伦理规定。即便这样，科学造假依然层出不穷，2005 年韩国发生了**黄禹锡事件**[①]，2014 年日本发生了小保方晴子的万能细胞伪造事件。

这样的事件展现了科学界黑暗的一面，也体现了科学所具有的自净功能。这两个事件被揭露，都源于同事们的怀疑和证伪。无论是伪造，还是失误，科学家们都知道这是不对的。重要的不是错误本身，而是发现错误、纠正错误的过程。因此，科学家们应常持怀疑精神，看到错误马上行动。这时，科学才真正发挥作用。

---

① 黄禹锡事件，具体指韩国国宝级生物学家黄禹锡科研组干细胞成果造假事件。——编者注

场景 2

1957 年，德国的格兰泰制药公司开始试销售一种名为"沙利度胺"的安眠药。医生宣称该药对人体无害，所以不需要处方。该药有助于孕妇缓解孕吐，结果导致服药的孕妇因为药物不良反应生下了畸形儿。于是，该药成为人们争论的焦点，但直到五年后它才被禁售。该药的不良反应导致约 2,000 名畸形儿出生，而格兰泰制药公司直到 2012 年才第一次道歉。

韩国也发生过类似的且更为荒唐的事件——把对人体有害的药当作加湿器除菌剂销售。且该药不是用来消毒加湿器的，而是直接溶解在加湿器的水中使用的。人们使用时，吸到每一口都是毒气！这样的产品竟然获得了销售许可，真让人难以置信！该加湿器除菌剂自 1994 年开始销售以来，20 多年的时间里夺去了数百人的生命，受害人达数千名。死亡者里还有孕妇和婴儿。使用过一次该产品的用户高达数百万人，难以准确掌握受害程度。

事件的梗概很简单。有害物质放入加湿器后，随着喷出的气雾被人体吸入，严重损伤肺部导致死亡。后来举办了相关的听证会，会上的情境让人气得发抖。该除菌剂的制造商 Oxy Reckitt Benckiser 公司的相关负责人基本都没有出席，参会的人要么提前离开，要么什么也不知道。尽管在 2011 年就从药学上证明了该物质有毒，但直到六年后相关人士才被判罪。

沙利度胺即便通过动物实验证明其没有不良反应，但它对人类依然有不良反应。而加湿器除菌剂在 2012 年的动物实验中已被证实有不良反应，但 Oxy 公司却隐瞒了这一事实。

Oxy 公司的科学家们很有可能知道该产品是有害的，这就引发了有关科学家的社会责任问题。该公司的科学家如果阻止了产品的生产，那就不会出现后面的惨剧。当科学家对自己所从事工作的社会效应，失去了应有的科学怀疑态度时，科学就变成了灾难。

科学家应该对自己的实验结果持怀疑态度，结果越惊人就越应该如此。刚进入实验室的研究生，往往每天都有认为能荣获诺贝尔奖的惊人发现，而这时，前辈们总是会告诉他们要详细确认各种步骤。于是，他的诺贝尔奖之梦就变成了泡影。近代哲学的产生就源于主张“怀疑一切”的笛卡尔，只有经过充分怀疑、锤炼的科学理论，才成为值得信赖的定律。

我们制定法律、制度，缔结条约、合同，不纯粹是因为我们不相信对方，相反就像科学家不断确认实验结果一样，是为了提高相互之间的信任。合理的社会不是让对方相信自己，而是要展示足够的客观证据。从加湿器除菌剂事件中可以看到，我们的怀疑还不足以守护人民的生命。

沙利度胺丑闻发生时，美国却没有像其他国家一样出问题。当时FDA（食品药物监督管理局）的审查委员弗朗西丝·凯尔西女士因为“能够证明其稳定性的资料不足”为由，拒绝批准沙利度胺进入市场。她当时肯定遭到了来自制药公司的巨大压力。假如在我们的社会中，有谁做这样的事的话，周围人会说“你好、我好，就这样吧”。持有合理怀疑态度的人却遭到非难的社会，肯定会付出相应的代价。这也是我们的社会需要科学理性的原因所在。

地球沿着椭圆轨道绕着太阳运转。无论谁用望远镜仔细观察和分析（虽然不容易），得出的结论都是同一个。牛顿生活的时代如此，现在依然如此，几天后别人再观察亦是如此。唯有这样得出“地球公转轨道是椭圆”的结论才是对的，否则就是错的。也就是说，科学理论的对错只由物质性证据来判定。在科学上，如果没有“证据”，那就应该回答“不知道”。

科学随时准备承认我们的无知。宇宙始于大爆炸，但我们不知道大爆炸之前是什么情形。地球上的生命体都是从最原始的生命体进化而来的，但我们不知道最早的生命体是什么，也不知道地球之外存在着什么生命体。

关于“知道”，是有明确标准的。只有有物质性证据支持，才算知道。我们说宇宙始于大爆炸，但谁也没有见过大爆炸，毕竟这是138亿年前发生的事情。那人们是怎么知道大爆炸的呢？我们只有宇宙膨胀的物质性证据，回溯宇宙扩张的时间，会发现宇宙始于一点。这就是论证过程。宇宙膨胀本身也基于非常有技术含量的证据。如果宇宙膨胀证据中的一部分被证明是错误的话，大爆炸理论就会受到质疑。

我在成为科学家的过程中所接受的训练，感受最深的，就是要承认不知道的就是“不知道”。不知道的时候装作知道是禁忌中的禁忌。当我们回答说自己知道的时候，要能清楚地说明那是什么意思，有什么客观证据。我们把这种态度称为科学的态度。从这一点上来说，科学不是知识的集合，而是对待世界的态度，也是一种思维方式。

科学就是基于物质性证据得出结论的态度。没有证据，就应该对结论持保留态度，承认自己不知道。没有证据，只靠逻辑推理的理论或主张，不是科学；试图用理论来说明没有证据的事情，或者不懂装懂，也不是科学。宗教和哲学有时过度主张自己的理论能够毫无矛盾地解释很多东西，但科学家会认为在一些领域说不知道更合适。科学愿意承认无知。承认无知，也意味着清楚地知道自己知道的是什么。

科学是一种不确定的态度。如果没有充分的物质性证据，就只能进行不确定性的预测。科学真正的力量不是源于对结果的准确预测，而是源于承认结果的不确定性。也就是说，科学不是逻辑，而是经验；不是理论，而是实验；不是确信，而是怀疑；不是权威，而是平权。期待对科学的关注，能使我们社会朝着更加理性、平权的方向前进。因为科学不是知识，而是态度。

小编阿文的话

你感受到了吗？这跌宕起伏的时代脉搏，这越来越浓厚的科学氛围。人们早已不满足于知道“是什么”，更渴望了解“为什么”，渴望有理有据的深度解读，渴望了解表象背后的规律，渴望从更宏观壮阔、更抽象精练的角度去理解大千世界。如果你也有此共鸣，那么这本由物理学家深情写就的《震颤与回响》就是不可错过的佳作。

在风中摇曳的绿色道旁树、宇宙中的光芒四射的恒星、肉眼无法得见的无数微小粒子，它们都是存在的，都在震颤，它们也本无意义。宇宙中的一切原本都没有意义、没有意图，但这一切因为有了人类而不同。当我们从与大爆炸相伴而生的时空中走向智人；当我们不满足于经典力学覆盖的世界，把目光投向宏观宇宙和微观世界；当我们寻找存在的规律和关联并加以运用，一切默默震颤的存在，得到了回响。这份回响激荡出新的震颤，震颤的宇宙激荡出新的回响。宇宙万物之间，过去与未来，宇宙与人，都在震颤与回响。

这部兼具宏观与微观视角、见解独到的作品背后，是物理学家的专业知识和综合素养。书中字里行间透露了作者知识系统中的部分信息来源，据此我整理出一份资料清单如下，供读这本书的你参考。

书

哲学家康德（Immanuel Kant）的著作《纯粹理性批判》

史蒂芬·霍金（Stephen Hawking）的著作《时间简史》

尼克·莱恩（Nick Ryan）的《线粒体》

麦克尔·桑德尔（Michael J. Sandel）的《公正》

特德·姜（Ted Chiang，姜峯楠）的小说《你一生的故事》

雅克·莫诺（Jacques L. Monod）的著作《偶然性和必然性》

奥尔罕·帕慕克（Orhan Pamuk）的小说《我的名字叫红》

海森堡（Werner Karl Heisenberg）的自传《部分与全部》

卡普拉（Capra）的《现代物理学与东方神秘主义》

豪尔赫·路易斯·博尔赫斯（Jorge Luis Borges）的短篇

小说《巴比伦彩票》

阿尔贝·加缪（Albert Camus）的小说《堕落》

史蒂文·温伯格（Steven Weinberg）的著作《终极理论之梦》

尤瓦尔·赫拉利（Yuval Noah Harari）的《人类简史》

布赖恩·格林（Brian Greene）的《宇宙的琴弦》《宇宙的结构》

加来道雄（Michio Kaku）的《构想未来》《超越时空》《平行宇宙》

丽莎·兰道尔（Lisa Randall）的《叩响天堂之门》《弯曲的旅行》

理查德·道金斯（Richard Dawkins）的《自私的基因》

电影

《降临》

《蝴蝶效应》

《星际穿越》

《地心引力》

《机械姬》

《她》

《攻壳机动队》

《火星救援》

音乐

电影《悲惨世界》的主题曲《民众之歌》

德彪西的钢琴曲《月光》

郑世荣的《月亮上的一天》

画作

勒内・马格里特（René Magritte）的《剽窃》

埃舍尔的版画《手画手》